Tharwat Shaheen
Mahreshan El-Mokadem
Ghadeer Hussein

Glucano nano-formulado de cogumelos comestíveis para pensos médicos para feridas

Tharwat Shaheen
Mahreshan El-Mokadem
Ghadeer Hussein

Glucano nano-formulado de cogumelos comestíveis para pensos médicos para feridas

Potencial aplicação em hidrogéis terapêuticos para cicatrização de feridas à base de nanopartículas de Se/Ag

ScienciaScripts

Imprint

Cover image: www.ingimage.com

This book is a translation from the original published under ISBN 978-620-7-47171-3.

Publisher:
Sciencia Scripts
is a trademark of
Dodo Books Indian Ocean Ltd. and OmniScriptum S.R.L publishing group

120 High Road, East Finchley, London, N2 9ED, United Kingdom
Str. Armeneasca 28/1, office 1, Chisinau MD-2012, Republic of Moldova, Europe
Managing Directors: Ieva Konstantinova, Victoria Ursu
info@omniscriptum.com

Printed at: see last page
ISBN: 978-620-8-37811-0

Conteúdo

DEDICAÇÃO

Ao meu pai e à minha mãe, dedico esta tese, bem como à minha família, que me deu o gosto pela aprendizagem e me ensinou o valor da perseverança e da determinação, especialmente às minhas lindas filhas Habiba e Maria, bem como ao meu adorável marido Dr. Amr.

Ghadeer.M.A.Hussein 2022

RECONHECIMENTO

Louvado seja **Deus**, que nos guiou até aqui: nunca teríamos encontrado orientação, se não fosse pela orientação de **Deus**. Obrigado a **Deus** por todas as dádivas que me foram concedidas.

Estou especialmente grata à **Professora Mehreshan Taha Elmokadem**, Professora de Microbiologia, Faculdade de Mulheres, Universidade Ain Shams, pelo seu grande esforço, encorajamento contínuo, orientação fiel e supervisão próxima, que tornaram possível ultrapassar todas as dificuldades. Foi a sua orientação e crítica construtiva que permitiram que esta tese visse a luz. Este trabalho nunca teria sido concluído sem a sua grande ajuda. A minha sincera gratidão é-lhe expressa.

Hoda Hassan Abo Ghalia, professora de Microbiologia da Faculdade de Mulheres da Universidade de Ain Shams, pelo seu grande esforço e pelos seus valiosos dispositivos.

Estou também grato ao **Prof. Amany Ahmed Youssry**

Professora Associada de Microbiologia, Faculdade de Mulheres, pela sua supervisão amável e conselhos úteis ao longo de todas as fases, para garantir que tudo corresse bem.

Estou especialmente grato ao **Prof: Amal Ahmed Ibrahim Mekawey**, Professor do Centro Regional de Micologia e

Biotecnologia, Universidade Al Azhar, pela sua amável supervisão e pelos seus conselhos úteis ao longo de todas as fases para garantir que tudo corresse bem.

Estou também grato ao **Prof. Tharwat Ibrahim Shaheen**, professor associado de química e tecnologia de biopolímeros no Centro Nacional de Investigação, o proprietário da ideia da proposta. Ensinou-me os princípios do campo da nanotecnologia e apoiou-me em todos os passos desta tese. Gostaria de lhe agradecer o seu grande esforço e o seu precioso tempo, todo o apreço e gratidão por este cientista.

Não podemos esquecer também a boa cooperação e os valiosos conselhos dados por **todos os membros do Departamento de Botânica e Microbiologia da Faculdade da Mulher**.

Agradeço profundamente à minha família **(especialmente** à **minha mãe e** ao meu **pai, ao meu marido e** ao **meu rebento)**, cuja paciência e resistência tornaram a realização desta tese uma realidade.

Ghadeer.M.A.Hussein

RESUMO

O objetivo desta investigação foi extrair β-glucano em nanopartículas (Nano-glucanos) de dois cogumelos comestíveis *Lentinula edodes* (shiitake) e *Pleurotus ostreatus* (ostra) utilizando o método de extração ácido-base e estudando as suas propriedades químicas e físicas, bem como identificando os seus grupos funcionais, que depois foram explorados na síntese de nanopartículas com diferentes aplicações medicinais. A novidade deste trabalho está relacionada com a extração direta de nano-glucanos (NGs) para evitar o tratamento químico adicional dos glucanos pelos métodos convencionais.

Os cogumelos secos foram expostos a 0,5 M de NaOH durante 24 h, seguidos de neutralização com HCl e lavados várias vezes antes da secagem. Os NGs de ambos os cogumelos foram obtidos com sucesso em tamanhos que variam entre 10-25 e 40-50 nm para NGs-s e NGs-o, respetivamente. A sua estrutura química foi investigada em comparação com o β-glucano padrão. A análise **por LC Mass, 1H NMR, FTIR e espetroscopia UV-vis** são ferramentas universais para revelar as caraterísticas estruturais e para elucidar os aspectos estruturais dos beta-glucanos extraídos, enquanto o **tamanho das partículas, a análise Zeta, o SEM e o TEM** foram utilizados para indicar o tamanho e a forma das partículas dos GN obtidos.

Os resultados sublinharam a estrutura próxima e idêntica de ambos os GNs aos β-glucanos padrão, como se pode ver por LC-MS, RMN de protões e FTIR, com elevada pureza. A estrutura morfológica foi também caracterizada utilizando SEM e TEM, que revelaram que tanto o tamanho como a forma dos NGs-s eram mais pequenos e uniformes do que os obtidos a partir de NGs-o. O TEM de NGs-s mostrou uma forma de bordas de agulha com distribuições de tamanho estreitas. Além disso, o UV-vis mostrou o pico caraterístico do ß-glucano a 260-300 nm.

O nosso estudo também utilizou NGs isoladas do cogumelo shiitake, provando a sua capacidade de reduzir iões Au^{+3} a nanopartículas metálicas (Au^{0}) e avaliando a sua interação biológica através da técnica assistida por micro-ondas. A caraterização das AuNPs foi efectuada através de um estudo UV-Vis que revelou a propriedade típica de ressonância plasmónica de superfície (SPR) da solução coloidal. A análise TEM mostrou que a forma das partículas é predominantemente esférica. As AuNPs eram cristalinas, como revelado pelo

Estudos de XRD. O tamanho médio das AuNPs foi de 10-20 nm. As análises FTIR de NGs e AuNPs mostraram a presença de vários grupos funcionais. A microscopia de força atómica (AFM) e a espetroscopia FTIR podem fornecer caraterísticas conformacionais e morfológicas dos glucanos isolados de dois cogumelos comestíveis.

As NGs e AuNPs resultantes foram testadas contra seis espécies de bactérias, incluindo bactérias gram positivas e negativas, bem como quatro espécies de fungos, incluindo leveduras e fungos filamentosos.

Os estudos de citotoxicidade revelaram a natureza não tóxica das AuNPs e NGs sintetizadas, proporcionando-nos assim uma oportunidade de utilização em aplicações biomédicas. No presente estudo, tanto os extractos de NGs como as AuNPs diminuíram a sobrevivência das células de carcinoma do cólon e da mama (HCT116 e MCF-7).

Os NGs extraídos do cogumelo shitake foram explorados para produzir o sistema de hidrogel de rede 3D utilizando um reticulador com outro biopolímero carragenina, o hidrogel obtido foi utilizado como sistema de transporte de fármacos *in vitro* e como penso para a cicatrização de feridas.

1 Introdução

Atualmente, tem havido uma popularidade crescente no desenvolvimento de materiais bioativos, por exemplo, biopolímero, em aplicações médicas, desses biopolímeros, β-glucano representa novas propriedades peculiares, incluindo anticâncer, imunomodulador, antienvelhecimento e antiinflamatório, além dessas atividades prospectivas **(Mirończuk et al, 2017)**, têm uma atividade profiláctica contra a quimio/radioterapia, bem como a capacidade de regular e prevenir a hiperglicemia e a hipercolesterolemia **(Li et al., 2021)**.

Os β-Glucanos são biopolímeros de hidratos de carbono constituídos por unidades repetidas de D-glucose e encontram-se como constituintes estruturais da matriz da parede celular de leveduras e fungos, estando também presentes em alguns grãos de cereais. Nas últimas décadas, estas biomacromoléculas têm recebido especial atenção devido às suas propriedades bioactivas, especialmente no que diz respeito à estimulação do sistema imunitário e à atividade anticancerígena **(Giavasis, 2014)**.

Nos últimos anos, o interesse pelos cogumelos que contêm muitos compostos biologicamente activos diferentes, por exemplo, polissacáridos, pequenas proteínas, lectinas e polifenóis. Os polissacáridos são principalmente glucanos que estão presentes nas paredes celulares **(Volman et al., 2010), os** β-glucanos dos cogumelos surgiram juntamente com uma compreensão das implicações para a imunidade inata durante a carcinogénese e o desenvolvimento do cancro.

Os cogumelos são amplamente utilizados na extração dos β-(1,3) e (1,6)-glucanos altamente ramificados, que são frequentemente incorporados em nanofibras de quitina cristalina alocadas na parede celular dos cogumelos **(Rahar et al., 2011)**. Em particular, o Shiitake e a ostra são os cogumelos comestíveis mais comuns nos mercados globais, tendo sido considerados como a principal fonte de β-glucanos. Além disso, também foram detetados alguns α-glucanos com uma porção baixa **(Morales et al., 2020)**.

Apesar do facto de o β-glucano do cogumelo ter uma grande variedade de benefícios terapêuticos **(Giavasis, 2014)**. A este respeito, vários estudos descreveram os diferentes procedimentos de extração de β-glucanos em relação às suas fontes, incluindo o processamento químico, físico e biológico. No entanto, os β-glucanos extraídos de cogumelos requerem a combinação de pelo menos duas das condições de extração, tais como ácido alcalino, micro-ondas, ultra-sons, enzima, e/ou água subcrítica. Estes tratamentos podem ter um efeito colateral sobre as propriedades biológicas dos β-glucanos extraídos devido a alterações que ocorreram em suas propriedades químicas ou físicas originais durante o tratamento **(Ruthes et al., 2015)**.

O domínio da nanotecnologia é uma das áreas de investigação mais activas nas ciências modernas dos materiais. A nanotecnologia é um domínio que se está a desenvolver de dia para dia, com impacto em todas as esferas da vida humana e que cria um sentimento crescente de entusiasmo nas ciências da vida, especialmente nos dispositivos biomédicos e na biotecnologia. Recentemente, a química verde, que tem como objetivo reduzir ou eliminar substâncias perigosas para a saúde humana e o ambiente na conceção, desenvolvimento e implementação de processos químicos **(Jacob et al., 2018)**.

As nanopartículas estabilizadas por macromoléculas (Nano-biopolímeros) são particularmente interessantes devido à sua excelente biocompatibilidade e potenciais actividades biológicas **(Formulations et al., 2020)**.

Até à data, existem poucas investigações centradas na produção de nanoglucanos (NGs) a partir de cogumelos diretamente, em vez de extrair o próprio β-glucano seguido de conversão para a forma nanométrica **(Soto et al., 2012)**.

No entanto, os GN podem ser considerados como um novo membro dos nanobiomateriais, não havendo relatórios que demonstrem uma rota adequada para o fabrico de GN, exceto **Udayangani et al**. que relataram uma nova abordagem para a preparação de GN solúveis em água a partir de ß-glucano de aveia para utilização como potencial estimulador da imunidade **(Udayangani et al., 2017)**.

Foram descritos e adaptados vários procedimentos de extração em laboratórios, à escala piloto ou industrial, dependendo da fonte e da natureza dos β-glucanos, e a maioria deles baseia-se em extracções com água quente. Por outro lado, na maioria dos casos, a solubilização adequada requer frequentemente condições severas, incluindo uma elevada concentração de álcalis acompanhada de ultra-sons, micro-ondas e enzimas ou temperaturas superiores a 100 °C. Estes tratamentos podem também contribuir para a sua degradação parcial ou modificação da sua estrutura nativa, alterando as suas atividades biológicas **(Morales et al., 2019)**

Atualmente, a síntese de nanopartículas está a ganhar grande importância. Como as nanopartículas têm uma grande área de superfície em relação ao volume, a sua contribuição é predominante em comparação com a maior parte dos materiais **(Nair et al., 2022)**.

A utilização de nanopartículas está a ganhar importância no século atual, uma vez que estas possuem propriedades químicas, ópticas e mecânicas definidas. As nanopartículas metálicas são importantes devido às suas potenciais aplicações em catálise, fotónica, biomedicina, atividade antimicrobiana e ótica **(On et al., 2013)**.

Até à data, foi introduzida uma vasta gama de materiais biológicos para a biossíntese de nanopartículas de ouro (AuNPs), incluindo gomas, proteínas, quitosano, amido, curdlan e glucano **(Meng et al., 2018)**

As AuNPs têm sido amplamente utilizadas numa grande variedade de aplicações tecnológicas, tais como a catálise, a energia fotovoltaica orgânica, o design eletrónico, a remediação da água e do ambiente, as sondas sensoriais e a administração de medicamentos **(Wang et al., 2020)**, e possuem propriedades únicas como a compatibilidade, a baixa toxicidade, a forte dispersão e absorção **(Nair et al., 2022)**. São amplamente utilizados no domínio da medicina e também na bioanálise.

Além disso, as AuNPs surgiram recentemente como um candidato para a entrega de medicamentos devido às suas vantagens em aplicações biomédicas, uma vez que o ouro é essencialmente inerte, não tóxico e biocompatível, além disso, a possibilidade de modificações na síntese amplia a faixa de diâmetro de 1-100 nm e, portanto, pode ser aplicado em várias aplicações **(Ribeiro et al., 2022)**.

Recentemente, a incorporação de diferentes biomateriais e nanoestruturas em hidrogéis surgiu a fim de obter hidrogéis multifuncionais com novas propriedades benéficas para a entrega de medicamentos e cicatrização de feridas **(Joy et al., 2021)**.β-glucano tem sido envolvido na fabricação desses hidrogéis que visam o sistema de entrega carregado de vários agentes terapêuticos **(Su et al., 2020b)**.

Além disso, as macromoléculas biológicas, como os β-glucanos, têm potencial para auxiliar os processos de cicatrização de tecidos, como ingrediente ativo em formulações como hidrogéis ou pomadas para o tratamento de feridas **(Ying et al., 2022)**.

Estudos clínicos anteriores em humanos sugeriram que os β-glucanos são curativos eficazes, seguros, bem tolerados e econômicos para o tratamento de feridas que não cicatrizam **(Kao et al., 2012; Abreu et al., 2019)**.

2 Objetivo do trabalho

O presente estudo teve por objetivo:

- De acordo com um método novo e direto, extração e caraterização de nano-glucanos (NGs) de dois cogumelos comestíveis *Lentinula edodes* (Shiitake) e *pleurotus ostreatus* (ostra) e seleção de cogumelos com elevada produção de NGs.
- Síntese de nanopartículas de ouro (aunps) usando ngs com o auxílio da abordagem de micro-ondas.
- Estudar os factores que afectam a preparação de aunps
- Caracterização dos ngs/aunps sintetizados por diferentes ferramentas.
- Avaliação da potencial atividade antimicrobiana das NGs e AuNPs preparadas e comparação com o medicamento antimicrobiano de referência contra determinadas estirpes bacterianas e fúngicas patogénicas.
- Avaliação da atividade antitumoral dos ngs e AuNPs preparados contra duas células de carcinoma.
- Preparação de compósitos NGs/Carragenina (NGs-Cr) com base numa rede de hidrogel reactiva.
- Estudar os factores que afectam a preparação do hidrogel através da avaliação do rácio de inchamento de equilíbrio % (ESR) dos hidrogéis obtidos, bem como o seu carácter reativo (hidrogel reativo ao pH).
- Caracterização dos hidrogéis resultantes utilizando FTIR, BET e análise SEM.
- Aplicação médica de hidrogéis compósitos de ngs/cr:
- A - Avaliação do perfil de libertação do fármaco *in vitro* utilizando AuNPs como modelo de fármaco (carga e libertação do fármaco).
- B - Avaliação in *vivo* Modelo de cicatrização de feridas por excisão e estudo histológico.

3 Revisão da literatura

1- Biopolímeros:

1.1.Definição:

Recentemente, foram planeados mais esforços para proteger o ambiente, não só através da utilização de materiais naturais renováveis e amigos do ambiente, mas também através da utilização de materiais que se decompõem naturalmente no ambiente, o que tem vindo a aumentar rapidamente **(Pattanashetti et al., 2017)**.

Os biopolímeros são biomoléculas poliméricas, uma classe de moléculas "gigantes" que consistem em blocos de construção discretos ligados entre si para formar cadeias longas. Os blocos de construção simples são designados por monómeros, enquanto os blocos de construção mais complicados são por vezes designados por "unidades repetidas" **(George et al., 2020)**.

Os biopolímeros são os próximos concorrentes dos polímeros sintéticos com os seus atributos profundos, como o facto de serem amigos do ambiente e biodegradáveis, tornando os primeiros superiores aos segundos **(Udayakumar et al., 2021)**.

Os biopolímeros são produzidos a partir de fontes renováveis e são facilmente biodegradáveis devido aos átomos de oxigénio e azoto presentes na sua estrutura. A biodegradação converte-os em CO_2, água, biomassa, matéria húmida e outras substâncias naturais. Assim, é naturalmente reciclado por processos biológicos **(Yadav et al., 2015)**.

Estes biopolímeros reúnem propriedades físicas, químicas, biológicas e mecânicas conhecidas pela sua ampla utilização em aplicações alimentares, farmacêuticas, médicas e ambientais **(Hassan et al., 2019)**. Devido às suas enormes propriedades, um enorme interesse de pesquisa para aumentar amplamente a produção de biopolímeros tem sido focado **(Udayakumar et al., 2021)**.

1.2.Fontes de biopolímeros:

O prefixo "bio" significa que são materiais biodegradáveis produzidos por organismos vivos **(Mohan et al., 2016)**, incluindo muitas bactérias, fungos, leveduras, algas, algas marinhas, plantas e insectos **(Chen et al., 2016)**.

Biopolímeros sintetizados em condições naturais durante os ciclos de crescimento de todos os organismos. São formados dentro das células por processos metabólicos complexos **(Jacob et al., 2018)** .

A maioria dos biopolímeros é derivada de fontes biológicas, incluindo microrganismos, resíduos agrícolas e biomassa vegetal **(Yaashikaa et al., 2022)**. Os microrganismos desempenham um papel importante na produção de uma enorme variedade de biopolímeros, tais como polissacáridos, poliésteres e poliamidas, que vão desde soluções viscosas a plásticos **(Mohan et al., 2016)**.

Para aplicações em materiais, a celulose e o amido são os mais interessantes. No entanto, há uma atenção crescente em polímeros de hidrocarbonetos mais complexos produzidos por bactérias e fungos, particularmente polissacáridos como xantana, curdlan, pululano, glucano, quitosano e ácido hialurónico **(George et al., 2020)**.

As algas são um excelente substrato para a produção de biopolímeros devido às suas várias vantagens, como o elevado rendimento e a capacidade de crescer em vários ambientes. Os plásticos à base de algas estão a emergir rapidamente no mercado. Apesar de muito pequenos, são muito promissores porque são renováveis. Várias empresas estão a realizar investigação no domínio dos biopolímeros de algas **(Bajpai, 2019)**.

O alginato e a carragenina, produzidos naturalmente a partir de algas marinhas e de polissacáridos aniónicos isolados da quitosana, que se encontram nas carapaças de insectos e crustáceos e de outros organismos, a celulose, o amido e a quitina, as proteínas e os péptidos, o ADN e o ARN são também exemplos de biopolímeros **(Mohan et al., 2016)**.

- Exemplos de fontes de biopolímeros:

Planta/alga: Amido (amilose/amilopectina), celulose, ágar, alginato, carragenina, pectina, konjac, várias gomas (por exemplo, guar), soja, zeína, glúten de trigo, milho, trigo, batata e cevada. **Animal:** Quitina/quitosano, Ácido hialurónico, Sedas, Colagénio/gelatina, Elastina. Albumina de soro. **Bacteriano:** Xantana, Dextrano, Gelano, Levano, Coalhada, Poligalactosamina Celulose (bacteriana). **Fúngicos:** Pullulan, Elsinan, glucanos de leveduras e cogumelos **(Yaashikaa et al., 2022)**.

1.3.Classificação dos biopolímeros:

Os biopolímeros podem ser classificados em quatro grupos, dependendo da origem dos biopolímeros, que incluem

1- Biopolímeros naturais extraídos da biomassa (por exemplo, recursos agrícolas)

2- Biopolímeros sintéticos de produção ou fermentação microbiana, por exemplo, poli-hidroxi-alkenoatos (PHA)

3- Biopolímeros sintéticos sintetizados convencionalmente e quimicamente a partir de biomassa, por exemplo, ácido poli-lático (PLA)

4- biopolímeros sintéticos convencional e quimicamente sintetizados a partir de produtos petrolíferos, por exemplo, a policaprolactona (PCL).

Os três primeiros grupos são derivados de recursos renováveis, enquanto o último grupo é derivado do petróleo **(Othman, 2014)**.

Os biopolímeros podem ainda ser classificados, consoante a natureza da unidade de repetição de que são constituídos, em três grupos: (i) os polissacáridos são constituídos por açúcares (por exemplo, a celulose encontrada nas plantas), (ii) as proteínas são constituídas por aminoácidos (por exemplo, a mioglobina encontrada nos tecidos musculares) e (iii) os ácidos nucleicos são constituídos por nucleótidos (ADN, material genético de um determinado organismo).

Com base na aplicação, os biopolímeros podem ser classificados como ioplásticos, bio tensioactivos, bio detergentes, bio adesivos, bio floculantes. **(Mohan et al., 2016)**. Podem também ser classificados de acordo com a unidade monomérica utilizada e a estrutura do biopolímero formado.

- Os polinucleótidos, ou seja, o ADN e o ARN, são polímeros longos compostos por 13 ou mais monómeros de nucleótidos.
- Polipéptidos que são polímeros curtos de aminoácidos.
- Os polissacáridos, que são estruturas poliméricas lineares de hidratos de carbono ligados entre si.

Consoante a sua origem, podem ser classificados em:

- Poliésteres: Polihidroxialcanoatos, ácido poliláctico.
- Proteínas: Seda, Colagénio/Gelatina, Elastina, Resilina, Adesivo, Poliaminoácido, Soja, Zeína, Glúten de Trigo, Caseína, Albumina de Soro.
- Polissacáridos (Bacterianos): Xantana, Dextrano, Gellan, Levan, Curd Lan, Poligalactosamina, Celulose.
- Polissacáridos (Fungos e leveduras) Polulanos, Elsinanos e Glucanos.
- Polissacáridos (plantas/algas): Amido, celulose, ágar, alginato, carragenina, pectina, konjan, várias gomas.
- Polissacáridos (animais): Quitina, Ácido hialurónico.
- Lípidos/Surfactantes: Acetoglicéridos, Ceras, Emulsão.
- Polifenóis: Lignina, tanino, ácido húmico.
- Polímeros especiais: Goma-laca, ácido poligama-glutâmico, borracha natural, polímeros sintéticos de gorduras e óleos naturais.

Recentemente, os biopolímeros são geralmente classificados em duas categorias com base na sua origem: biopolímeros naturais e sintéticos. As proteínas, os poliésteres e os polissacáridos são três classes de biopolímeros naturais **(Yaashikaa et al., 2022).**

O Gabinete de Avaliação Tecnológica (OTA) do Congresso dos Estados Unidos classifica-os em ácidos nucleicos, proteínas, polissacáridos, polihidroxialcanoatos e polifenóis **(Yadav et al., 2015; Somkuwar et al., 2022)**.

Os polissacáridos são um grupo importante. São polímeros naturais que incluem o amido, a celulose, a pectina, o pululano, o glucano, os alginatos e o quitosano, e são amplamente utilizados para preparar películas ou revestimentos comestíveis **(Sutay et al., 2021)**.

Estas películas têm propriedades de elevada solubilidade em água devido à sua hidrofilicidade, o que dificulta a sua utilização em aplicações industriais. Ao adicionar diferentes aditivos (ou seja, plastificantes, agentes de reforço e modificadores) às películas de hemicelulose, é possível aumentar a resistência mecânica e a resistência ao calor das películas e diminuir a sua hidrofilicidade **(Xu et al., 2020)**.

O desempenho dos biopolímeros depende normalmente dos grupos funcionais activos presentes nas respectivas cadeias laterais. A figura (1) representa os principais grupos funcionais activos nos biopolímeros. No entanto, estes grupos funcionais activos essenciais na maioria dos biopolímeros são o oxigénio de ligação dupla (grupo carboxilo C-O), o grupo hidroxilo (-OH) e as amidas ($-NH_2$) **(Yaqub et al., 2021)**

Os polissacáridos e as proteínas podem ser utilizados para a produção e armazenamento de hidrogénio devido à interação entre os seus grupos funcionais e o H_2O e podem atuar como fonte de carbono para sínteses eficientes no domínio da produção de hidrogénio **(Jaleh et al., 2021)**.

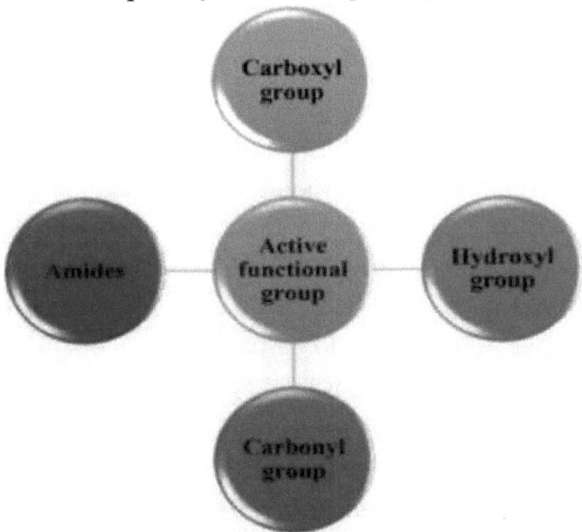

Figura 1: Grupos funcionais activos primários em biopolímeros.

1.4.Aplicações dos biopolímeros:

Os biopolímeros e seus derivados são variados, abundantes e significativos para a vida. Apresentam as caraterísticas de um material maravilhoso e cada vez mais importante para várias aplicações **(Hassan et al., 2019)**. Estão amplamente disponíveis, são pouco tóxicos, biodegradáveis, biocompatíveis, quimicamente versáteis e inerentemente funcionais, o que os torna altamente potenciais para uma ampla gama de aplicações, como biomedicina, alimentos, têxteis e cosméticos. A impressão 3D (3DP) é capaz de fabricar alguns constituintes personalizados e complexos de estruturas materiais que não podem ser alcançados por metodologias convencionais **(Li et al., 2021)**. Assim, devido à sua natureza biocompatível e biodegradável, pode ser utilizada para melhorar o desempenho de outras moléculas biologicamente activas num produto. Também podem ser modificados para se adequarem a várias aplicações potenciais, que incluem as seguintes:

- 1. Aplicações industriais:
- 2. No aspeto cosmético
- 3. Setor médico
- 4. Utilizações clínicas
- 5. Material de embalagem de alimentos com segurança
- 6. Síntese de nanomateriais
- 7. aplicações biomédicas
- 8. indústria alimentar
- 9. purificação da água
- 10. Aplicações de embalagem **(Pascual, 2019)**.

Os biopolímeros têm sido desenvolvidos também para utilização como materiais médicos, aditivos alimentares, tecidos para vestuário, produtos químicos para tratamento de água, plásticos industriais, absorventes, biossensores e até elementos de armazenamento de dados **(Rebelo et al., 2017)**.

Para além disso, as propriedades dos biopolímeros e dos seus compósitos levaram a que se desse atenção às aplicações de tratamento de águas residuais. A utilização de polímeros económicos como adsorventes reduz o custo do processo de remediação. Os compósitos de biopolímeros têm propriedades dominantes, tais como maior durabilidade, capacidade de processamento, elevada funcionalidade e uma grande área de superfície, o que aumenta a remoção de contaminantes ou poluentes do ambiente através da adsorção **(Yaashikaa et al., 2022)**.

2- O glucano é um dos biopolímeros promissores

2.1.Caraterísticas estruturais dos glucanos

Os polímeros de glucose, glucanos, com diferentes tipos de ligações glicosídicas e configurações anoméricas são os polissacáridos mais comuns na natureza **(Synytsya & Novak, 2014)**.

O glucano é um tipo de polissacárido homólogo composto por monossacárido de glucose e estas unidades estão ligadas por ligações glicosídicas. De acordo com o tipo de ligação glicosídica, existem três tipos estruturais principais destes polissacarídeos, nomeadamente α-glucanos, β-glucanos e α,β-glucanos mistos **(Jiang et al., 2019)**.

Existe uma grande diversidade no seu peso molecular e configuração, dependendo da fonte original. De acordo com a estrutura anomérica das unidades de glucose, é possível distinguir α-, β- e α,β-glucanos lineares e ramificados, bem como α,β-glucanos mistos com várias posições de ligação glicosídica e massas moleculares **(Du et al., 2019)**.

A maior parte deles desempenha um papel nos componentes estruturais da parede celular; outros são utilizados como fonte de energia para o metabolismo. Apesar da composição simples de monossacáridos, os glucanos apresentam uma grande variabilidade estrutural **(Synytsya & Novak, 2014).**

Como mostra a figura (2), os polímeros de β-glucano podem assumir uma variedade de formas. Foram identificadas moléculas de beta-glucanos lineares (curtas e longas), ramificadas (ramificadas em ramos e ramificadas em cadeias laterais) e cíclicas, que podem utilizar uma única ligação glicosídica (por exemplo, o polímero linear β- (1,3)-d-glucano) ou múltiplas ligações glicosídicas (por exemplo, o polímero ramificado β-(1,3), β-(1,6)-d-glucano **(McCleary & Draga, 2016)**.

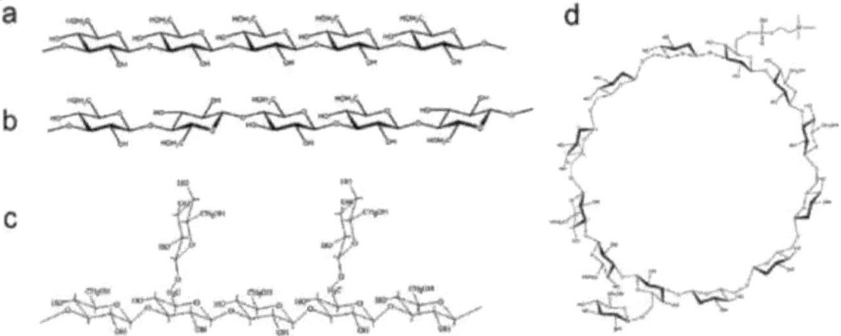

Figura 2: (a) Linear-(1,3)-glucano; (b) linear-(1,3; 1,4)-glucano; (c) glucano ramificado e (d) cíclico-(1,3; 1,6)-glucanos **(Su et al., 2020b)**

Uma grande quantidade de fibra alimentar indigesta exerce actividades benéficas para a saúde no organismo **(Ruthes et al., 2021)**. Um dos polissacáridos bioactivos amplamente conhecidos e documentados é o β-glucano, um polissacárido não amiláceo **(Kaur et al., 2020)**.

Lentinan, um β-glucano do fungo *Lentinus edodes*, existe como estruturas helicoidais triplas à temperatura ambiente, resultando em sua alta viscosidade e excelente tolerância a uma ampla faixa de pH, temperatura e concentrações de sal em solução aquosa **(Du et al., 2019).**

A grande variação no M.wt do β-glucano deve-se à diversidade da sua origem, ao protocolo de extração e à metodologia utilizada para a sua determinação. Também foi mencionado que o M.wt do β-glucano também depende dos solventes, das condições de reação, do histórico da amostra, dos detetores e do composto padrão **(Lei et al., 2015)**.

O β-glucano de elevado peso molecular (esquizofilano) existe em conformações de hélice simples ou tripla. Em contraste, o β-glucano de baixo peso molecular apresenta uma conformação enrolada aleatória. As caraterísticas moleculares e estruturais do β-glucano têm atraído o grande interesse dos investigadores porque determinam as suas propriedades físicas, como a solubilidade em água e o comportamento reológico, bem como os efeitos funcionais nos produtos alimentares **(Du et al., 2019)**.

2.2.Fontes de glucanos

O beta-glucano encontra-se normalmente na parede celular do endosperma da aveia e da cevada e é comercialmente derivado da aveia, da cevada, de cogumelos e de alguns microrganismos **(Sofi et al., 2017)**.

A estrutura do β-glucano varia de acordo com a sua fonte, mas compreende principalmente um polímero linear de glicose com ligações β (1^3), β (1^4) para aveia e cevada e β (1^3), β (1^6) quando proveniente de levedura e cogumelos, a diversidade de efeitos funcionais e físico-químicos, como massa molecular, solubilidade, viscosidade, estrutura de ramificação e propriedades de gelificação, é ainda atribuída à fonte de origem **(Khan et al., 2020b)**.

Os fungos são excelentes fontes de D-glucanos. Principalmente, eles podem apresentar β-glucanos, em seus corpos de frutas, paredes celulares de fungos, como cogumelos e leveduras, que consistem principalmente de polissacarídeos estruturais e glicoproteínas, são a principal fonte de vários tipos estruturais de glucanos **(Ruthes et al., 2015 ; Khan et al., 2018)**.

São os polímeros mais abundantes na levedura, constituindo aproximadamente 12 a 14% do peso total das células secas **(Shokri et al., 2008)**.

Os β-glucanos apresentam diferenças significativas na sua estrutura macromolecular com base nas suas fontes. **(Du et al., 2019)**.

- Fontes de glucanos:

1- **Cereais**: Aveia, cevada, painço
2- **Cogumelos**: *Pleurotus ostreatus, Pleurotus eryngii* e *Lentinula edodes*
3- **Levedura**: *S. cerevisiae*
4- **Bactérias:** *Agrobacterium* spp e *Bacillus polymyxa*
5- **Líquenes**: *Cetraria islandica*

6- Algas marinhas/Algas (algas castanhas):*Laminaria* sp **(Kaur et al., 2020)**.

2.3.A sua importância biológica

Os beta-glucanos são polissacáridos amplamente utilizados e publicitados como compostos biologicamente activos com várias alegações de saúde **(Markovina et al., 2020)**.

Chen & Seviour, (2007) sugeriram que os β-glucanos são eficazes no tratamento de doenças como o cancro, uma série de infecções microbianas, hipercolesterolemia e diabetes. Os seus mecanismos de ação implicam que sejam reconhecidos como não-moléculas próprias, pelo que o sistema imunitário é estimulado pela sua presença. Foram identificados os seus vários receptores, que incluem: dectina-1, localizada nos macrófagos, que medeia a ativação do β-glucano na fagocitose e na produção de citocinas, uma resposta coordenada pelo recetor toll-like-2. Os receptores do complemento activados nas células assassinas naturais, neutrófilos e linfócitos podem também estar associados à citotoxicidade tumoral **(Sofi et al., 2017)**.

Uma vasta quantidade de literatura afirma que a ingestão de β-glucano está associada a efeitos prebióticos e a vários resultados benéficos para a saúde, tais como a redução do índice glicémico e do colesterol sérico; controlo da diabetes, doenças cardiovasculares, cancro e hipertensão **(Bak et al., 2014)**, propriedades de reforço imunitário; propriedades antimicrobianas (antibacterianas, antivirais); e actividades de cicatrização de feridas, pelo que os beta glucanos tinham mais propriedades funcionais do que o alfa **(Kaur et al., 2020)**.

Os glucanos não são degradados pelas enzimas do sistema péptico e passam intactos para o intestino delgado onde são capturados pelos macrófagos através do recetor Dectina-1 com ou sem o recetor TLR-2/6. Em seguida, são fragmentados em moléculas mais pequenas e os fragmentos de - glucano são transportados para a medula óssea e para o sistema reticular endotelial **(Cleanthes et al., 2014)**. Especialmente os β-glucanos exibem fortes efeitos imunomoduladores. Estas actividades devem-se principalmente à capacidade dos β-(1,3)(1,6) Glucanos para ativar componentes celulares e humorais do sistema imunitário do hospedeiro **(Tae et al., 2019)**.

Devido à sua ação como imunomodulador, foram realizados vários estudos que exploram a utilização do glucano como agente anti-infecioso. O glucano é também eficaz como agente antiviral em plantas **(Pengkumsri et al., 2017)**. Vários estudos utilizando diferentes modelos de tumor em ratos e ratazanas revelaram que os glucanos podem inibir o crescimento do tumor. Outra propriedade interessante dos glucanos é o facto de serem radioprotectores.

Isso aumenta a sobrevivência dos animais de teste após doses letais de radiação **(Zhang, 2018)**.

Os β-glucanos parecem ter potencial para o tratamento de várias doenças. Cerca de metade da massa da parede celular dos fungos é constituída por β-glucanos **(Sobieralski et al., 2012)**, que são considerados um dos principais polissacáridos com componentes bioactivos dos fungos devido à sua baixa toxicidade, diversidade estrutural e múltiplas funções fisiológicas. Foram descritos como "modificadores da resposta biológica" (BRM) que podem desencadear a reação não específica do sistema imunitário contra células tumorais, infecções virais e bacterianas, inflamações e provocar um aumento da síntese de hormonas e células do sistema imunitário do hospedeiro.

Além disso, alguns glucanos fúngicos também foram relatados como possuindo supressão de tumor anti-envelhecimento **(Pan & Lin, 2019)**, efeitos hipoglicêmicos **(Hwang et al., 2018)** e moduladores da microbiota intestinal **(Zhang et al., 2021)**. **Lei et al., (2015**) relataram que o β-glucano de levedura com baixo peso molecular tinha melhores atividades antioxidantes e imunológicas. No entanto, eles descobriram que o β-glucano de maior peso molecular de *Chlorella pyrenoidosa* exibia atividade imunoestimuladora **(Du et al., 2019)**.

Os beta-glucanos, especialmente os de origem fúngica, têm várias propriedades funcionais que podem ser utilizadas nas indústrias alimentares para a preparação de sopas, molhos, bebidas e outros produtos alimentares, onde actuam como estabilizadores, agentes espessantes e emulsionantes **(Pengkumsri et al., 2017)**.

2.4.Os cogumelos como principal fonte de β-glucanos:

Um cogumelo é um fungo carnudo e tem um corpo de frutificação com esporos, pertencendo às classes *Basidiomycetes* e *Ascomycetes* no Reino dos fungos, que têm uma grande diversidade com aproximadamente 140 000 espécies encontradas, das quais apenas 22 000 espécies são conhecidas **(Khan et al., 2018)**.

Uma vez que a parede celular dos cogumelos comestíveis é constituída principalmente por quitina, glucanos e proteínas, estes são uma boa fonte de fibra alimentar. A fibra alimentar é importante como ingrediente alimentar funcional. É utilizada para o inchaço dos alimentos, como espessante alimentar, agente formador de película, estabilizador e, em geral, como um importante ingrediente para a saúde. Por conseguinte, as fibras alimentares de quitina são úteis para melhorar os alimentos funcionais **(Ifuku et al., 2011)**.

Os Estados Unidos, a União Europeia e vários países asiáticos, como o Japão e a Coreia do Sul, emitiram diretrizes sobre alimentos funcionais **(Hasler,**

1996). Os alimentos funcionais têm efeitos potencialmente positivos na saúde para além da nutrição básica e encontram um lugar muito importante nos tempos modernos, quando diferentes tipos de cancros, diabetes e doenças cardiovasculares estão a aumentar constantemente **(Khan et al., 2018)**. Os cogumelos são considerados como um dos alimentos funcionais notáveis para consumo humano que têm sido cultivados e colhidos durante centenas de anos em países asiáticos como a China e o Japão **(Morales et al., 2019a)**.
Estes fungos têm sido tradicionalmente utilizados para a prevenção e também para o tratamento de uma infinidade de distúrbios, e têm sido cada vez mais consumidos por pacientes com cancro, durante os seus tratamentos, como suplementos dietéticos **(Ruthes et al., 2015)**. Além disso, os investigadores consideraram estes fungos como alimentos saudáveis porque são boas fontes de vitaminas, minerais, proteínas e hidratos de carbono, para além do baixo nível de lípidos e do baixo teor calórico **(Frioui et al., 2018)**.
Os seres humanos têm apreciado os cogumelos como um recurso imperativo comestível e medicinal, desde tempos imemoriais, uma vez que contêm compostos valiosos como polissacáridos, compostos fenólicos, esteróis, terpenos, ceramidas, etc. Entre todos os componentes bioactivos presentes nos cogumelos, o β-glucano é um dos polissacáridos que revelou uma série de benefícios para a saúde **(khan et al., 2020a)**. A maioria destes homo polissacáridos não é digerida por enzimas humanas, sendo considerados fibras, que podem ajudar a motilidade intestinal e aumentar o volume das fezes, diminuindo a absorção de substâncias tóxicas e cancerígenas prejudiciais, levando a uma menor incidência de cancro **(Ruthes et al., 2015; Mirończuk & Witkowska, 2020)**.

2.4.1. Abundância de glucanos nos cogumelos

Um dos componentes especiais encontrados nos cogumelos é o betaglucano, que é predominantemente composto na parede celular dos fungos e é maioritariamente composto por β-glicose **(Chiu et al., 2014)**. A morfologia da parede celular de um cogumelo é altamente ramificada ß-1,3/1,6-glucanos encontram-se na parede que liga as células entre si, uma vez que a mucilagem de glucano é mal organizada, enquanto α-1,3 glucanos servem como uma matriz amorfa que interdigita com o lado interno da camada de ß-1,3-glucano. Os componentes ß-1,3-glucanos estão incorporados em nanofibras cristalinas de quitina, como se mostra na figura (3) **(Ifuku et al., 2011)**.

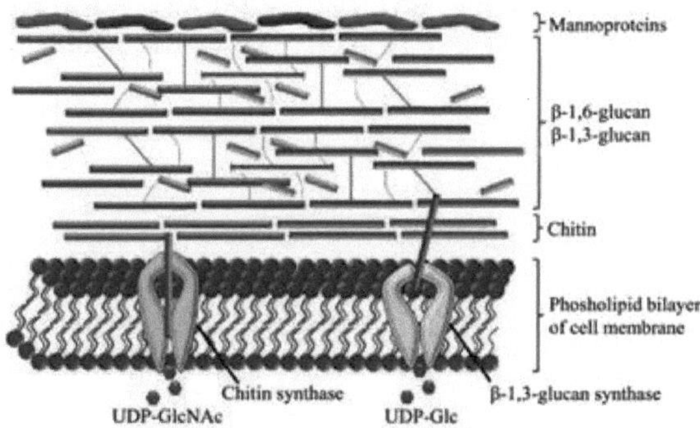

Figura 3: Apresentação esquemática da estrutura da parede celular de uma cogumelo típico **(Chen et al., 2014a; Fesel & Zuccaro, 2016)**

As moléculas de β-glucano de cada espécie de cogumelo diferem na estrutura da espinha dorsal, no número e no tipo de ligações químicas, bem como no tipo e no número de cadeias laterais, na estrutura (por exemplo, hélice tripla, hélice simples ou hélice aleatória) e no peso molecular. De acordo com os conhecimentos actuais, a conformação dos β-glucanos é um fator determinante da sua bioatividade **(Miroñczuk & Witkowska, 2020)**.

O β-glucano de cogumelos, um polissacarídeo natural, ganhou recentemente atenção devido ao seu efeito imunomodulador **(Majtan & Jesenak, 2018)**, antitumoral **(Khan et al., 2018)**, antioxidante **(Morales et al, 2020)** e, portanto, são reconhecidos como modificadores de resposta biológica (BRMs) **(Khan et al., 2020b)**. Eles diferem em seu efeito nutracêutico devido à diferença em suas massas moleculares, solubilidade, grau de polimerização, suas estruturas e conformação helicoidal. **(Bulam et al., 2018)**.

2.4.2. Nomenclatura dos ß-Glucanos dos cogumelos

Estes β-glucanos têm geralmente nomes triviais de acordo com a sua origem fúngica (grifolan, lentinan, pachyman, pleuran, schizophylan, scleroglucan, etc.) **(Synytsya & Novak, 2014)**. β-glucanos de cogumelos, como β-glucano, esquizofilano, ganoderano, lentinano e pleurano **(Bulam et al., 2018)**. Especialmente no Japão e na China, Pleuran de *Pleurotus ostreatus*, Lentinan de *Lentinula edodes*, Schizophyllan de *Schizophyllum commune*, Grifolan de *Grifola frondosa* e Krestin de *Trametes versicolor* , além das principais terapias contra o cancro, como operação cirúrgica, Os β-glucanos também estão presentes em muitos outros cogumelos, como *Auricularia auricula, Calocybe indica* (Calocyban), *Flammulina velutipes, Ganoderma lucidum* (Ganoderan/ Ganopoly) e *Pleurotus abalones* **(Zhu et al., 2015; Bulam et al., 2018)**.

2.4.3. Propriedades bioactivas dos β-glucanos nos cogumelos

Essas propriedades salientes dos glucanos de cogumelos têm atraído a atenção do pesquisador com crescente interesse em promover a química verde em aplicações biomédicas e farmacêuticas, incluindo órgãos humanos artificiais **(Morales et al., 2019b)**, andaimes de engenharia de tecidos **(Salgado et al., 2017)** e curativos médicos para queimaduras e cicatrização de feridas **(Nair et al., 2016)**. A funcionalidade do β-glucano depende principalmente de seu Mw, conformação, tipo de ligação, relação de ligação 1 ^ 3, 1 ^ 6, comprimento, número e modificação química ou física.

Juntamente com esses parâmetros, a quantidade e a natureza dos compostos co-extraídos em uma preparação de β-glucano também influenciam significativamente sua solubilidade, agregação e conformação que eventualmente alteram a funcionalidade do β-glucano **(Du et al., 2019)**.

Foram realizados vários estudos sobre ß-glucanos de cogumelos que têm um efeito de melhoria da saúde de várias formas importantes, como antitumoral e imunomodulador, antitumoral, antiviral **(Tae et al., 2019)**, cardiovascular **(Khan et al., 2018)**, protetor do fígado, anti-inflamatório **(Zhu et al., 2016)**, radioprotector **(Pillai & Devi, 2012)**, antidiabético **(Bulam et al., 2018)**, antioxidante **(Miroñczuk et al., 2017)**, antibacteriano **(Park et al., 2018)** e actividades anti-obesidade **(Bai et al., 2019)**. Atividade antitumoral **(Li & Cheung, 2019)**.

Além disso, os glucanos dos cogumelos apresentam excelentes propriedades físico-químicas, como solubilidade, viscosidade e gelificação, que são promissoras para aplicações comerciais. Por estas razões, existe uma forte tendência para utilizar comercialmente a biomassa de cogumelos para o isolamento de glucanos celulares **(Szwengiel & Stachowiak, 2016)**.

A- Efeito imunomodulador

Os β-glucanos dos cogumelos são moléculas grandes que não sofrem fragmentação enzimática no trato gastrointestinal. São captadas pelas células da mucosa intestinal e transferidas ativamente para a camada submucosa onde são activados os macrófagos e, através deles, os linfócitos responsáveis pela proteção do endotélio, ou seja, pela imunidade local **(Frioui et al., 2018)**. Além disso, os β-glucanos também podem ser facilmente internalizados por macrófagos murinos ou humanos **(Xu et al., 2011)**. Após capturados pelos macrófagos através do recetor Dectin-1, TLRs e também na presença de CD11b / CD18, os β-D-glucanos seriam internalizados e degradados em fragmentos menores, além de serem transportados com a circulação de macrófagos **(Zhang, 2018)**.

Entretanto, é provável que esses β-glucanos mais pequenos se liguem ao CR3 encontrado nas células assassinas naturais (NK), neutrófilos e linfócitos, o que poderia ainda mais reconhecer e interagir com o complemento 3b inactivado na superfície das células marcadas com anticorpo monoclonal e revestidas com iC3b, incluindo células cancerígenas **(Su et al., 2020b)**.

Em muitas investigações, o beta-glucano estimula eficazmente a resposta imunitária do hospedeiro para se defender contra infecções bacterianas, virais, fúngicas ou parasitárias. Além disso, é conhecido como modificador da resposta biológica, uma vez que atinge principalmente a sua atividade protetora da doença através da modulação do sistema imunitário do hospedeiro **(Chen et al., 2014b).**

B- Aplicação de β-glucanos em produtos alimentares

O β-glucano tem também várias propriedades funcionais adequadas, tais como espessamento, estabilização, emulsificação e gelificação. Estas propriedades determinam a adequação do β-glucano para ser incorporado em sopas, molhos, bebidas e noutros produtos alimentares. O β-glucano de cevada é particularmente adequado para tais aplicações, sendo capaz de conferir uma sensação suave na boca aos produtos de bebidas, e também torna a bebida uma excelente fonte de fibra dietética solúvel. As suas propriedades permitem-lhe ser incorporado alternativamente em espessantes de bebidas tradicionais como substituto da goma arábica, alginatos, pectina, goma xantana e carboximetilcelulose (CMC), A investigação anterior e recente está focada em explorar as formas de incorporar β-glucanos em vários sistemas alimentares **(Ahmad et al., 2012; Gharibzahedi et al., 2022)**.

O β-glucano pode proporcionar um excelente ambiente para aplicação em vários campos, como cuidados com a pele, transportador de medicamentos e suplemento alimentar, devido ao seu efeito imunológico e anti-inflamatório **(Park et al., 2018)**.

O β-glucano é também amplamente utilizado na indústria alimentar pela sua capacidade de formar um gel e aumentar a viscosidade das soluções aquosas. É utilizado para melhorar a textura e o aspeto de molhos para salada, molhos e gelados **(Du et al., 2019)**. Para além do seu potencial medicinal, os polissacáridos de cogumelos, principalmente os β-glucanos, podem também apresentar caraterísticas físico-químicas, como a capacidade de gelificação, que permitem a sua utilização na indústria alimentar e cosmética**(Silva et al., 2022)**.

O β-glucano é também utilizado como um mimético da gordura para desenvolver produtos alimentares com baixo teor calórico. No entanto, o comportamento de fluxo e as propriedades de gelificação do β-glucano causam vários problemas técnicos para as indústrias alimentares, tais como a filtração lenta de soluções ou pastas, o baixo rendimento e a precipitação durante o armazenamento da cerveja **(Long et al., 2019)**.

Assim, as aplicações do β-glucano nas indústrias alimentar, cosmética e farmacêutica têm sido limitadas devido ao seu elevado peso molecular e viscosidade **(Zhu et al., 2016)**.

C- Redução do colesterol

Uma das atividades biológicas mais amplamente estudadas dos beta-glucanos de plantas e cogumelos é a atividade hipocolesterolémica **(Morales et al., 2019b)**. Cogumelo β- Glucan (3 g por dia) reduz o colesterol total em 8,9% e os níveis de colesterol de lipoproteína de não alta densidade em 12,1% durante 8 semanas, Beta Glucan tem maior efeito de redução da lipoproteína de baixa densidade (LDL) nas mulheres do que nos homens (mulheres: 16.3% (IC 95%: 17,8 a 6,7) vs. homens: 14,9% (IC 95%: 14,1 a 5,9), em indivíduos mais jovens (16,4% (IC 95%: 17,5 a 8,3) vs. mais velhos 14,7% (IC 95%: 17,1 a 5,2) **(Free et al, 2020)**.

Além disso, retarda a absorção de glucose, melhora a sensibilidade à insulina durante 2 horas, promove a lipólise em 5% a 10% e melhora a glucose pós-prandial (28% a 62%) e os níveis de insulina (33% a 51%) durante 2 horas. Embora muitas das actividades de promoção da saúde estejam ligadas ao seu efeito no sistema imunitário, esta propriedade parece estar relacionada com a sua capacidade de reduzir a absorção de colesterol e de eliminar os ácidos biliares **(Mirończuk & Witkowska, 2020)**.

Os β-glucanos dos cogumelos não são digeridos no trato gastrointestinal humano, pelo que são considerados como uma fonte potencial de prebióticos. Os β-glucanos possuem propriedades profundas de promoção da saúde, como acelerar o trânsito do conteúdo intestinal, aumentar o volume e a frequência fecal, protegendo consequentemente o corpo do cancro do cólon, das doenças diverticulares e da síndrome do intestino irritável **(Bulam et al., 2018)**.

A ligação direta dos ácidos biliares e do colesterol (dos alimentos ingeridos) e o aumento da sua excreção fecal tem sido apontada como um possível mecanismo pelo qual os polissacáridos insolúveis em água reduzem o colesterol, ligando-se aos ácidos biliares, impedindo a sua reabsorção e estimulando a conversão do colesterol plasmático e hepático em ácidos biliares adicionais. O efeito redutor do colesterol das fibras alimentares hidrossolúveis parece dever-se a vários mecanismos, sendo o aumento da viscosidade (capacidade de ligação da água ao quimo) o principal efeito. Isto leva a uma taxa de difusão reduzida dos ácidos biliares, que não podem ser reabsorvidos pelo organismo, sendo depois excretados **(Palanisamy et al.,**

2014).

O consumo de alimentos fortificados com β-glucano pode ter uma influência positiva na saúde. O β-glucano diminui os níveis de LDL, levando a um risco reduzido de doença coronária e hipertensão. Além disso, o β-glucano cria uma camada viscosa na superfície das vilosidades intestinais, o que pode levar à redução da absorção de colesterol e ácidos biliares **(Kurek et al., 2016)**.

A propriedade inerente de formação de gel e a elevada viscosidade do β-glucano conduzem à produção de alimentos com baixo teor de gordura com propriedades texturais melhoradas **(Du et al., 2019)**.

D- Antitumoral

O cancro destaca-se como a segunda principal causa de morte em todo o mundo. O β-glucano extraído dos corpos de frutificação dos cogumelos, em particular, inibe o crescimento das células cancerígenas ao ativar a resposta imunitária nas células normais. Estudos demonstraram que o β-glucano promove a produção de interferão gama e interleucina-12 (IL-12) nos linfócitos e induz a reação T helper 1 aumentando a produção de interleucina-1 (IL-1), fator de necrose tumoral alfa (TNF- α) e óxido nítrico **(Hwang et al., 2018)**.

Um (1^3), (1^6) β-D-glucano mostrou uma inibição potente da dor inflamatória e uma atividade anti-tumoral significativa contra o Sarcoma 180 em ratos **(Zavadinack et al., 2021)**.

2.4.5. Isolamento (extração) e purificação do beta-glucano:

O isolamento de glucanos a partir de matérias-primas inclui vários procedimentos de extração e purificação. O controlo da pureza ajuda a avaliar as fracções de polissacáridos brutos e as etapas de isolamento/purificação. São necessárias análises mais rigorosas para clarificar a estrutura dos glucanos purificados. Para resolver estas tarefas, são utilizados métodos químicos, espectroscópicos e de separação modernos **(Shokri et al., 2008)**.

Está disponível uma gama de técnicas de extração e purificação para a extração de β-glucano. Estas podem incluir extração com água quente, extração com solvente e extração enzimática **(Ahmad et al., 2012)**.

Existem várias técnicas de extração para recuperar os potentes β-glucanos de fontes microbianas e vegetais, mas a escolha do método de extração adequado desempenha um papel vital que afectará a estrutura, a qualidade e a funcionalidade dos glucanos extraídos **(Pengkumsri et al., 2017)**.

2.4.6. Quantidades de β-glucano nos cogumelos

Os teores de β-glucanos dos cogumelos variam entre 0,22 e 0,53 g/100 g com base no peso seco. De acordo com **(Manzi & Pizzoferrato, 2000)**, *P.*

pulmunarius parece ser a fonte mais rica de β-glucanos fúngicos e foi referido que *L. edodes* contém níveis elevados de β-glucanos na fração solúvel. **(Maisa et al., 2005)** descobriram que *A. brasiliensis* tinha maior proporção de (1^6)-ß-glucano e (1^3)-β-glucano aumentou com a maturação dos corpos de frutificação **(Gründemann et al., 2015)**. O conteúdo de β-glucanos nos cogumelos depende da espécie, do ambiente de crescimento e da maturidade do cogumelo **(Gharibzahedi et al., 2022)**.

O teor de β-glucano nos cogumelos varia de 0,21 a 0,53 g/100 g (base de peso seco) e o nível mais elevado foi encontrado imediatamente antes de os esporos começarem a amadurecer **(Khan et al., 2018)**.

Kim et al., (2010) descreveram o conteúdo de β-glucano em corpos de frutificação inteiros do cogumelo shiitake; no entanto, o conteúdo de β-glucano no píleo e nos estipes dos corpos de frutificação e nos micélios de diferentes cultivares de shiitake ainda não foi examinado **(Bak et al., 2014)**.

Foi determinado que os fungos de bracket *Trametes versicolor*, *Piptoporus betulinus* continham mais de 50% de β-glucanos e em *Boletus edulis* (parte do estipe) ou *Piptoporus betulinus*. a quantidade foi superior a 50 g/100 g dw **(Bulam et al., 2018)**.

Na maioria dos cogumelos selvagens analisados, o conteúdo de β-glucano foi significativamente maior nos estipes do que nos gorros **(Özcan & Ertan, 2018) determinaram** que *Boletus edulis* é o cogumelo selvagem com maior teor de β-glucano (13,93%). Foi seguido por *Cantharellus cibarius* e *Hydnum repandum* com 12,89 e 12,84% de conteúdo, respetivamente. **(Bulam et al., 2018)**. Trabalhando com *Pleurotus* spp. cogumelos descobriram que o conteúdo de β-glucano do pilei estava entre 20,4-39,2% e o conteúdo dos caules estava entre 35,5- 50,0% **(Jia et al., 2020)**.

3. Materiais nano-bio-poliméricos (nano-biopolímeros)

A nanotecnologia é um dos domínios de desenvolvimento mais rápido nas aplicações biomédicas. No entanto, o seu potencial para a aquacultura ainda não foi totalmente utilizado **(Mohan et al., 2016)**. Os biopolímeros à base de nano têm sido utilizados em várias aplicações médicas, sendo biodegradáveis e o tamanho nano destes materiais tem propriedades estimulantes mais fortes, o que seria uma nova adição para melhorar a saúde humana, substituindo os produtos convencionais existentes **(Udayangani et al., 2017)**.

Por exemplo, as nanoceluloses com diâmetros à escala nanométrica, uma grande área de superfície e a capacidade de formar ligações de hidrogénio criam uma rede forte que obstrui a passagem de moléculas e aumenta a atividade biológica em comparação com a celulose nativa **(Sutay et al., 2021)**. **3.1. Nano glucano**

Alguns estudos recentes também relataram a degradação do β-glucano em pequenos fragmentos que exibem uma ampla gama de pesos moleculares, mantendo a estrutura química e a conformação nativas **(Lei et al., 2015)** .Uma vez que a maior parte do β-glucano do cogumelo ocorre como fração insolúvel (54-82%) com funcionalidade limitada relatada, a fim de aumentar sua solubilidade, diferentes modificações como tratamentos físicos que incluem irradiação, micro-ondas (redução da massa molecular e / ou ramificação), químicos (adição de grupos funcionais utilizando vários ácidos como HCl, H_2SO_4, TFA) e bioquímicos (tratamento enzimático) podem ser empregues para diminuir o peso molecular dos β-glucanos, o que, por sua vez, melhora as propriedades funcionais e medicinais dos β-glucanos de cogumelos **(khan et al., 2020a)**.

Os métodos químicos, mecânicos e microbianos são geralmente utilizados para fabricar nano biopolímeros a partir da natureza. Os nano biopolímeros podem ser processados por moldagem em solução, filtração em vácuo e liofilização **(Somkuwar et al., 2022)**.

A hélice tripla do polissacarídeo foi dissociada para a hélice simples em resposta a tratamentos físicos e químicos devido à quebra de ligações de hidrogénio inter e intramoleculares que, por sua vez, conduzem a uma redução do seu Mw, aumento da solubilidade e diminuição da viscosidade. Este aumento da solubilidade e redução da viscosidade do β-glucano é de imensa importância nas indústrias alimentar e farmacêutica, onde a elevada viscosidade e a baixa solubilidade do β-glucano dificultam a sua aplicação na formulação do produto final **(Du et al., 2019)**.

Pode concluir-se que o tratamento químico e físico do β-glucano e certos procedimentos de extração resultaram em ß-glucano de menor Mw que pode ser útil para as indústrias alimentares para a produção de novos produtos alimentares funcionais **(Du et al., 2019; Kaur et al., 2020)**.

3.1.1 Preparação de beta-glucano nanopolimérico (Nano-glucano)

Métodos químicos, métodos enzimáticos e métodos físicos foram os diferentes métodos de degradação utilizados para obter ß-glucano com Mw mais baixo e cadeias curtas **(Mahmoud et al., 2015)**.

Os métodos químicos envolvem a utilização de tratamento com peróxido de hidrogénio para a degradação oxidativa, bem como a degradação induzida por ácidos ou álcalis **(Long et al., 2019)**. Os métodos enzimáticos envolvem o tratamento com celulose, liquenase ou liquenase combinada com amilase e/ou proteinase **(Chen et al., 2009)**.

Os métodos térmicos e mecânicos apresentam uma vantagem sobre os outros métodos, uma vez que não há necessidade de adicionar substâncias adicionais ao polímero. Assim, isso elimina a necessidade de processos de purificação subsequentes. Considerando que, os métodos químicos e térmicos levaram à geração de mono e oligómeros indesejados **(Long et al., 2019)**. No entanto, os métodos físicos, como o tratamento ultra-sônico, foram relatados para lisar a cadeia de polímero do meio sem levar a quaisquer reações laterais. Assim, os métodos físicos têm atraído grande atenção dos pesquisadores para a degradação do β-glucano em pequenos fragmentos (nano-glucanos) **(Lei et al., 2015)**.

3.2. Exploração e utilização de nanomateriais poliméricos para fins medicinais e biológicos

Recentemente, as nanopartículas poliméricas podem ser utilizadas em sistemas de administração de fármacos nos cuidados de saúde e na síntese de nanopartículas metálicas **(Raposo et al., 2020)**. Os nanopolímeros de nanopartículas poliméricas (PNP) desempenham um papel importante em aplicações terapêuticas, como o encapsulamento e a libertação controlada de fármacos **(Kumar & Prasad, 2021)**. A matriz, o tamanho, a área superficial **(Li & Cheung, 2019)**, a forma e o potencial elétrico superficial das PNP são importantes para contornar as limitações inerentes à libertação de fármacos e devem ser adequados à aplicação pretendida **(Raposo et al., 2020)**.

3.2.1. Síntese de nanopartículas a partir de biopolímeros

A utilização de nanopartículas registou um aumento dramático nas últimas décadas. No entanto, a não toxicidade, ou seja, a toxicidade causada pelas nanopartículas, é uma das suas principais limitações e precisa de ser reduzida para a segurança humana. Além disso, a utilização de métodos ecológicos deve ser incentivada para a sua síntese **(Goyal et al., 2017)**. Os métodos biológicos para a preparação de nanopartículas e nanomateriais envolvem a utilização de plantas, animais, algas, fungos, líquenes, bactérias, actinomicetos e vírus **(Mohan et al., 2016)**. Estes métodos podem ainda ser subdivididos em dois tipos. Os microrganismos normalmente sintetizam nanopartículas metálicas intracelularmente (*in vivo*) e/ou extracelularmente (*in vitro*). Apesar do facto de a síntese extracelular ter mais vantagens devido à sua facilidade de aplicação a jusante **(Narayanan et al., 2015)**.

No primeiro tipo, as culturas vivas são utilizadas diretamente e funcionam como "nanofábricas", gerando nanopartículas através das suas actividades vitais e acumulando-as nas células e tecidos ou libertando-as no ambiente. A desvantagem deste método é a necessidade de separar as nanopartículas dos organismos sintetizadores e também a longa duração da biossíntese de nanopartículas por culturas em crescimento

O outro método de síntese verde de nanopartículas consiste em utilizar líquidos de cultura e substratos usados, extractos, biomassas, fracções celulares individuais, metabolitos isolados de culturas e vários alimentos e resíduos de origem vegetal e animal. Os biopolímeros contêm uma variedade de moléculas biologicamente activas que podem participar na bio-redução de compostos químicos com a formação de nanopartículas **(Vetchinkina et al., 2019)**...

Os métodos físicos e químicos são amplamente utilizados para sintetizar nanopartículas; no entanto, os métodos biológicos também foram recentemente propostos através da utilização de plantas ou microrganismos. A razão deve-se a alguns efeitos negativos dos métodos físicos e químicos nas aplicações médicas, uma vez que requerem um elevado nível de utilização de produtos químicos tóxicos, condições de aquecimento elevado, equipamento de custo elevado e adsorção destas substâncias químicas tóxicas na superfície. A este respeito, a síntese verde é oferecida como uma abordagem fiável, simples, não tóxica, de baixo custo e amiga do ambiente, na qual são utilizados organismos naturais, microalgas, enzimas, plantas e extractos de plantas **(Yilmaz et al., 2021)**.

Dependendo da aplicação (diagnóstico, imagiologia ou terapia), foram propostos diferentes tipos de nanopartículas, que podem ser divididas em dois grupos principais: nanopartículas orgânicas e inorgânicas. No primeiro grupo encontram-se os dendrímeros, os lipossomas e as nanopartículas poliméricas. O segundo grupo inclui pontos quânticos, nanopartículas de sílica, ouro e prata. Devido à elevada taxa de acumulação nos tecidos, que pode resultar em problemas de toxicidade, as nanopartículas que não podem ser degradadas pelo organismo não são tão populares e atractivas como as nanopartículas poliméricas (PNP) biodegradáveis e biocompatíveis **(Raposo et al., 2020)**.

3.2.3. Hidrogéis

Nos últimos anos, os polímeros de origem natural, incluindo as proteínas e os polissacáridos, têm sido amplamente utilizados como biomateriais. Numerosos métodos estratégicos têm sido amplamente desenvolvidos para muitas aplicações de tecnologia médica. Por exemplo, uma das aplicações mais atractivas envolveu a utilização de hidrogéis **(Treesuppharat et al., 2017)**. Os hidrogéis são uma rede tridimensional de homo ou copolímeros, que têm propriedades superabsorventes e incham num solvente aquoso **(Laftah et al., 2011)**. São redes reticuladas de polímeros hidrofílicos inchados em água **(Hebeish et al., 2014)**.

O hidrogel é um tipo de polímero com estrutura de rede 3D, que foi utilizado no tratamento médico quando foi descoberto pela primeira vez. Devido à sua elevada absorção de água, é amplamente utilizado na agricultura, nos cuidados de saúde, etc. Nos últimos anos, verificou-se que o hidrogel tem uma estrutura polifuncional, pelo que também apresenta um excelente desempenho como adsorvente para o tratamento de iões de metais pesados **(Jiang et al., 2019)**.

Os hidrogéis podem ser preparados por ligações cruzadas físicas ou químicas de homopolímeros ou copolímeros. Também podem ser formados a partir de polímeros naturais e sintéticos. São baseados em polímeros naturais e têm uma vasta gama de aplicações, tais como sistemas de libertação sustentada de fármacos **(Hebeish et al., 2014)**, lentes de contacto **(Yesilirmak & Altinors, 2013)**, biossensores **(Wang & Burgess, 2013)**, etc.

Nos últimos anos, os hidrogéis ganharam uma atenção considerável devido à sua ampla gama de aplicações biomédicas, por exemplo, como sistemas de entrega de medicamentos, como andaimes para engenharia de tecidos, como materiais de curativos para feridas e seu uso em outros dispositivos médicos **(Nair et al., 2016; Emam & Shaheen, 2022)**. O papel significativo dos hidrogéis nos cuidados de saúde deve-se à sua hidrofilicidade, biocompatibilidade, não toxicidade e biodegradabilidade. Uma vez que os hidrogéis são capazes de reter grandes quantidades de água **(Salgado, et al., 2017)**, actuam como tecido funcional, que se assemelha muito ao tecido vivo e imita o ambiente celular **(Nair et al., 2016)**.

O inchaço do hidrogel consiste em três fases:

1. água de ligação primária - onde as moléculas de água se ligam ao grupo hidrofílico. 2. água de limite secundário - a interação das moléculas de água com os grupos hidrofóbicos existentes. 3. água livre - no inchaço de equilíbrio, a água é preenchida nos espaços vazios **(Eyigor et al., 2018)**. A taxa de inchaço depende da concentração de polímero e da densidade de reticulação. O alto grau de densidade de reticulação causa uma diminuição na taxa de inchaço e aumenta a fragilidade do hidrogel **(Aswathy et al., 2020)**.

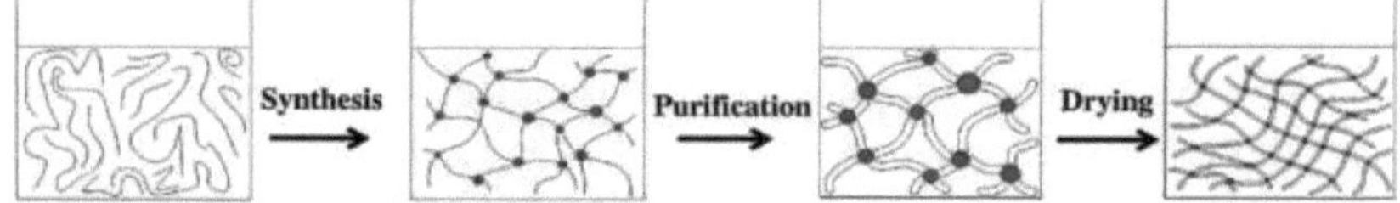

Polímero em solvente Polímero reticuladoHidrogel inchado Hidrogel seco

Figura 4: Representação esquemática das etapas envolvidas na preparação de um hidrogel **(Ranganathan et al., 2019)**

Os hidrogéis à base de polissacáridos têm recebido um interesse considerável devido às suas excelentes propriedades, custo e sustentabilidade **(EL Hosary et al., 2020)**. No entanto, os hidrogéis de polissacáridos apresentam fragilidades mecânicas e problemas físico-químicos. Para superar esses problemas, os polissacarídeos foram misturados com diferentes polímeros hidrofílicos, como álcool polivinílico (PVA), alginato de sódio, quitosana, etc. **(Jacob et al., 2018)**. β-Glucan é um polissacarídeo de polímero de glicose, foi fabricado na preparação de vários tipos de hidrogéis que melhoram a cicatrização de feridas, estimulando a granulação do tecido, a biossíntese e deposição de colágeno de fibroblastos dérmicos humanos e, finalmente, a reepitelização, conforme relatado anteriormente **(EL Hosary et al., 2020)**.

3.2.4 Classificação do hidrogel

Os hidrogéis são classificados com base na sua origem, preparação, carga iónica, resposta, reticulação e propriedades físicas **(Aswathy et al., 2020)**. e a sua classificação adicional é dada numa representação esquemática na Figura (5).

Com base na fonte, podem ser divididos em naturais, sintéticos e híbridos ou semi-sintéticos **(Aswathy et al., 2020)**. Os hidrogéis derivados de fontes naturais são um bom candidato devido à sua elevada biocompatibilidade, mas são frequentemente limitados pelas suas fracas propriedades mecânicas e estabilidade. O colagénio, a gelatina, o alginato, o quitosano, etc. são exemplos de polímeros naturais **(Du et al., 2022)**.

Com base na composição do polímero, os hidrogéis podem ser divididos em homopolímeros, copolímeros, redes semi-interpenetrantes e redes interpenetrantes **(Yaashikaa et al., 2022)**.

Também pode ser classificado com base na configuração como hidrogéis amorfos, semi-cristalinos e cristalinos **(Mohite & Adhav, 2017)**. É geralmente classificado em dois tipos: gel físico e gel químico com base no tipo de reticulação **(Aswathy et al., 2020)**. A reticulação física é o método mais preferido para a preparação de hidrogéis. É também conhecida como gel reversível e subdivide-se novamente em gel físico forte e gel físico fraco. A reticulação física ocorre principalmente através de emaranhamento molecular, ligação de hidrogénio, associação hidrofóbica ou interação polielectrolítica. Por outro lado, o gel químico é designado por gel permanente e ocorre principalmente através de agentes químicos que reticulam os polímeros por interação covalente **(Matsumoto et al., 2021)**. Géis com redes covalentemente reticuladas (substituindo a ligação de hidrogénio por uma ligação covalente mais forte e estável) **(Hennink & van Nostrum, 2002)**.

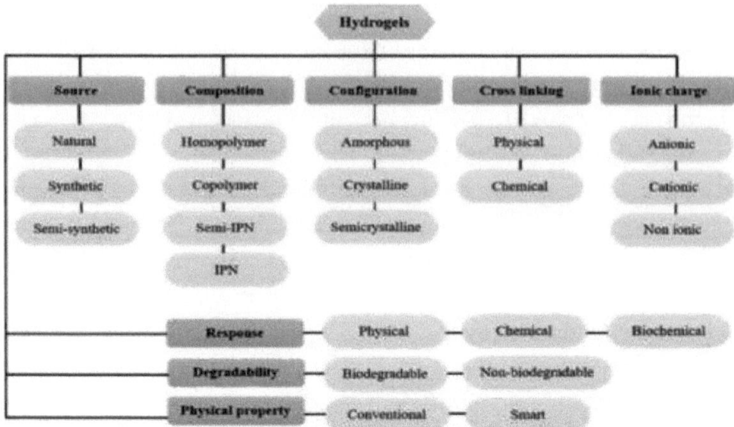

Figura 5: Representação esquemática da classificação dos hidrogéis.

O hidrogel tem as propriedades de um sólido e de um líquido. Contém três fases:

1) fase sólida de matriz de rede polimérica
2) fase do fluido intersticial
3) fase iónica.

A fase sólida inclui uma rede de cadeias poliméricas reticuladas. As cadeias poliméricas criam uma matriz tridimensional com espaço intersticial preenchido com água e, frequentemente, fluidos biológicos **(Jiang et al., 2019)**. A rede polimérica reticulada pode ser formada físico-quimicamente, por exemplo, por interações de van der Waals, ligações de hidrogénio, interações electrostáticas e emaranhados físicos, bem como por ligações covalentes. A fase fluida preenche os poros da matriz polimérica e faz com que o hidrogel tenha propriedades húmidas e elásticas. Devido a estas propriedades, a estrutura do hidrogel assemelha-se a um tecido vivo. A fase iónica é constituída pelos grupos ionizáveis que estão ligados às cadeias poliméricas e pelos iões móveis (contra-iões e co-iões). Esta fase existe devido à presença de solvente eletrolítico **(Zarzycki et al., 2010)**.

Nas últimas décadas, grandes esforços dos investigadores foram dedicados ao desenvolvimento de hidrogéis de resposta múltipla, em que a alteração dos estímulos externos provoca uma alteração intrínseca das suas propriedades, incluindo o inchaço, a porosidade, as propriedades mecânicas e físicas **(Du et al., 2022)**. Os hidrogéis multi-responsivos são de enorme interesse porque contribuem para a investigação científica inteligente, incluindo a administração de medicamentos, a cultura de tecidos, os bio-separadores e os biossensores. Os estímulos externos são geralmente classificados como estímulos físicos, por exemplo, temperatura, luz, campos magnéticos e eléctricos, enquanto a reação redox, a força iónica e o pH do meio são exemplos de estímulos químicos **(Emam & Shaheen, 2022)**.

Os polímeros à base de hidrogéis ou "polímeros inteligentes", desenvolvidos nas últimas décadas, constituem um tema de grande interesse para o estudo científico, a par de várias aplicações que incluem, entre outras, a libertação modificada de fármacos, a engenharia de tecidos, os dispositivos de separação biológica, as membranas activas e os biossensores. A utilização de polímeros estímulo-responsivos nas formas de libertação modificada de dosagem farmacêutica adquire muitas vantagens, nomeadamente a libertação e distribuição do fármaco num alvo específico, reduzindo assim os efeitos secundários ou reacções sistémicas adversas **(Hebeish et al., 2015)**.

Recentemente, os biopolímeros têm vindo a ser utilizados como modificadores de membranas em processos de descontaminação de resíduos para atenuar os problemas de incrustação das membranas. A quitosana, a quitina, o alginato e a carragenina são alguns dos polímeros mais comuns utilizados na modificação de membranas. Como resultado, as membranas à base de biopolímeros têm potencial no processo de adsorção **(Yaashikaa et al., 2022)**.

3.2.5. Métodos de preparação do hidrogel

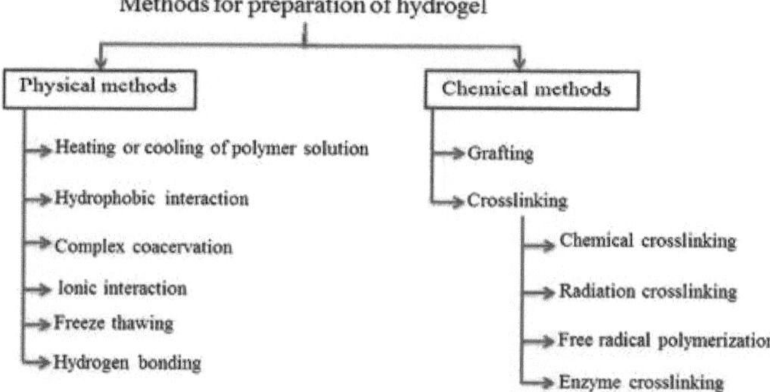

Figura 6: Diferentes métodos de preparação do hidrogel.
(Ali & Ahmed, 2018)

A- Reticulação física

Tem havido um interesse crescente em géis físicos ou reversíveis devido à relativa facilidade de produção e à vantagem de não utilizar agentes de reticulação. Estes agentes afectam a integridade das substâncias a reter (por exemplo, células, proteínas, etc.), bem como a necessidade da sua remoção antes da aplicação. A seleção cuidadosa do tipo de hidrocolóide, da concentração e do pH pode levar à formação de uma vasta gama de texturas de gel e é atualmente uma área que está a receber uma atenção considerável, particularmente na indústria alimentar. Os vários métodos relatados na literatura para obter hidrogéis fisicamente reticulados são:

1-Aquecimento/arrefecimento de uma solução de polímero, 2-Interação **iónica**, 3-Interação **iónica**, **4-Ligação H**, 5-Congelação-descongelação

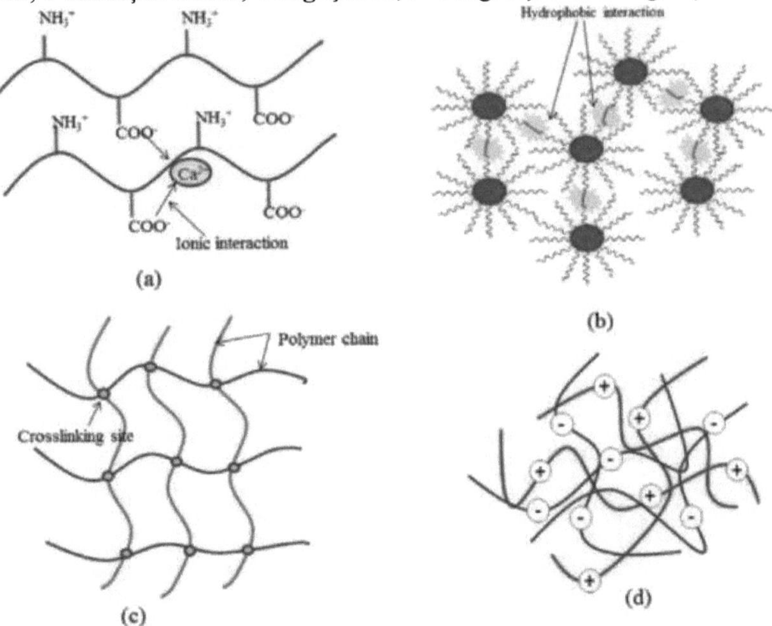

Figura 7: Representações gráficas de diferentes tipos de ligações cruzadas físicas em hidrogéis: (a) interação iónica, (b) interação hidrofóbica, (c) junção de ligações cruzadas por arrefecimento e (d) coacervado complexo.

B- Reticulação química

A reticulação química aqui abordada envolve o enxerto de monómeros na espinha dorsal dos polímeros ou a utilização de um agente de reticulação para ligar duas cadeias de polímeros **(Gulrez et al., 2011)**.

3.2.6. Aplicações dos hidrogéis

Foram produzidos hidrogéis de muitos polímeros sintéticos e naturais, com utilização final principalmente nos domínios da engenharia de tecidos, farmacêutico e biomédico **(Salgado, et al., 2017)**.

Estas estruturas macias e maleáveis podem ser baseadas em polímeros sintéticos (por exemplo, ácido acrílico, acrilamida, álcool polivinílico) ou em biopolímeros (por exemplo, gelatina, amido, alginato), tendo estes últimos atraído um interesse considerável devido à sua biocompatibilidade, biodegradabilidade e consistência que imita o tecido, e são utilizados em aplicações que vão desde a agricultura e o tratamento da água até aos produtos de higiene e à biomedicina **(Czarnecka & Nowaczyk, 2021)**.

Os materiais de hidrogel têm sido vulgarmente utilizados em muitos domínios, como o tratamento de águas residuais, sensores químicos e tecnologia médica **(Treesuppharat et al., 2017)**. Além disso, os hidrogéis à base de biopolímeros naturais podem ser utilizados como enchimento após enucleação do olho, fabrico de lentes de contacto e artérias **(Aswathy et al., 2020)**.

De um modo geral, a biocompatibilidade, a não toxicidade e a natureza ecológica dos biopolímeros à base de hidrogéis são as mais importantes em aplicações biomédicas, como a administração de medicamentos, a engenharia de tecidos, a cicatrização de feridas e as próteses **(Takata et al., 2015)**.

3.2.6.1 Libertação e administração de medicamentos

Devido à sua elevada capacidade de absorção de água, porosidade e biocompatibilidade, os hidrogéis têm sido utilizados na administração de medicamentos, em materiais e implantes dentários e em sistemas poliméricos injectáveis **(Park et al., 2018)**. Os hidrogéis têm a capacidade de reter uma quantidade significativa de água sem dissolução devido à sua estrutura física e/ou quimicamente reticulada e à sua natureza hidrofílica. Esta caraterística dos hidrogéis tem sido aplicada a uma série de ambientes biomateriais, como sistemas de entrega de medicamentos, andaimes e músculos artificiais **(Eyigor et al., 2018)**.Os hidrogéis em sistemas de entrega de medicamentos podem ser usados para liberar medicamentos durante um período de tempo específico através de um mecanismo de liberação controlável. O uso de hidrogéis oferece muitas vantagens, como redução de dosagens de medicamentos, custos e efeitos colaterais. É importante notar que a utilização de hidrogéis em sistemas de libertação de fármacos depende da sua capacidade de inchaço.

O mecanismo de inchaço ocorre devido a um aumento na distância entre as cadeias poliméricas reticuladas, o que permite que as moléculas de fármaco sejam libertadas e absorvidas na corrente sanguínea **(Treesuppharat et al., 2017)**.Recentemente, o glucano e os seus derivados têm sido amplamente utilizados na preparação de hidrogéis. Basicamente, várias fontes, como a fibra natural β-Glucan, podem fornecer um excelente ambiente para aplicar ao transportador de drogas devido ao seu efeito imunológico e anti-inflamatório **(Park et al., 2018)**.

Os recentes avanços no encapsulamento e/ou entrega de fármacos em hidrogéis à base de nanopartículas demonstraram o enorme potencial que estes nanomateriais podem ter nos cuidados de saúde e a sua capacidade para melhorar as propriedades farmacocinéticas e farmacodinâmicas de um ingrediente ativo, aumentando assim a eficácia do tratamento e reduzindo a toxicidade para os doentes **(Raposo et al., 2020)**.

3.2.6.2 Cicatrização de feridas

As feridas representam um fardo significativo para os doentes e os profissionais de saúde. O gerenciamento eficaz de feridas diminuirá as complicações, evitará a formação de feridas crônicas, reduzirá os custos e permitirá uma cicatrização rápida **(Park et al., 2018)**. A cicatrização de feridas é um processo dinâmico e complexo que envolve hemostasia, inflamação, proliferação e maturação **(Yadav et al., 2015)**. Os curativos são geralmente aplicados para promover os diferentes estágios da cicatrização de feridas, com um ambiente propício para a cicatrização **(Gulrez et al., 2011)**. Nos últimos anos, muitos tipos de pensos e dispositivos para feridas visaram diferentes aspetos do processo de cicatrização de feridas **(Majtan & Jesenak, 2018)**. Os pensos para feridas são materiais principalmente polímeros sob a forma de gazes, géis, hidrogéis, hidrocolóides, etc. Entre eles, os hidrogéis são a abordagem mais promissora na cicatrização de feridas. Os hidrogéis atuam como um curativo ideal para feridas, pois podem fornecer um ambiente úmido no local da ferida, ajudam na remoção de exsudatos da ferida, previnem infecções e proporcionam um ambiente adequado para a regeneração do tecido **(Aswathy et al., 2020)**.

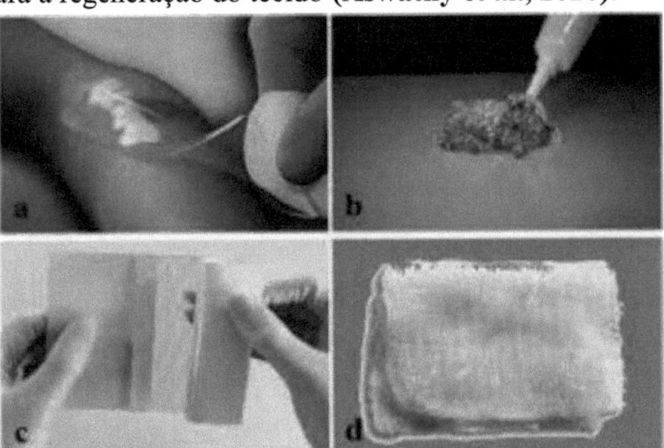

Figura 8: Diferentes formas de pensos de hidrogel para feridas disponíveis no mercado. (a) Folha de hidrogel Neoheal, (b) Gel amorfo que pode ser utilizado para feridas necróticas e queimaduras, (c) película de hidrogel e (d) Gaze impregnada de hidrogel

Estes pensos podem ser classificados de acordo com a sua função (por exemplo, absorver a humidade, facilitar o desbridamento, funcionar como antibacteriano, atuar como oclusivo, aderir à ferida, melhorar a cicatrização ou atenuar a dor), os materiais a partir dos quais são construídos, incluindo biomateriais (por exemplo colagénio, glucanos, quitina, quitosano ou ácido hialurónico) e a forma física do penso (por exemplo, hidrocolóide, pomada, fibra, película, espuma ou gel). A figura (8) apresenta as diferentes formas de pensos **(Kofuji et al., 2010)**.

Os hidrogéis têm recebido especial atenção nos pensos para feridas devido às suas propriedades, tais como uma elevada capacidade de retenção de água, natureza transparente e capacidade de atuar como uma barreira contra o ataque microbiano. Os curativos de feridas de hidrogel carregados com antibióticos e agentes antiinflamatórios também foram amplamente estudados **(Nair et al., 2016)**.

Além disso, os pensos de hidrogel para feridas assemelham-se ao tecido vivo natural devido ao seu elevado teor de água e consistência macia. Eles são biocompatíveis e têm todas as propriedades de um curativo ideal, incluindo absorção de exsudatos em excesso, proteção contra infecções e fatores externos, fornecimento de pH ideal, que promovem a rápida cicatrização de feridas, além de poderem ser facilmente removidos sem trauma **(EL Hosary et al., 2020)**.

Foi relatado que os hidrogéis baseados em polímeros naturais podem absorver um excesso de exsudados da ferida, proteger uma ferida de infecções secundárias e promover eficazmente o processo de cicatrização, proporcionando um ambiente de cicatrização de feridas hidratado **(Kofuji et al., 2010)**. Um penso ideal para feridas deve absorver eficazmente os fluidos corporais, ser indolor para a remoção, ter uma elevada elasticidade, boa aderência e fácil substituição, e atuar como uma barreira contra as bactérias **(Gwon et al., 2011)**.

Hoje em dia, os cientistas têm mais interesse na utilização de hidrogéis com vários biopolímeros (quitosano, colagénio) e polímeros sintéticos (polietilenoglicol, álcool polivinílico, poli (acrilamida-co-ácido acrílico)) foram recentemente investigados para aplicações de administração de medicamentos, engenharia de tecidos e cicatrização de feridas com produtos de penso comerciais **(Grip et al., 2021)**.

i. Materiais

1- Estirpes de cogumelos:

Duas estirpes de cogumelos pertencentes ao género *Lentinula edodes* (shiitake, adquirido à (NA Trading company USA) e *Pleurotus ostreatus* (ostra, n.º 239, fornecido pelo Centro de Investigação Agrícola (ARC), (Universidade do Cairo, Egito) foram recolhidas (colhidas) em março de 2018.

2- Microorganismos utilizados:

Seis estirpes bacterianas e quatro estirpes fúngicas foram enumeradas no Quadro (1) e utilizadas como microrganismos patogénicos testados através da atividade antimicrobiana. As estirpes bacterianas foram gentilmente cedidas pela coleção de culturas do Cairo MERCIN na Faculdade de Agricultura da Universidade de Ain Shams. Por outro lado, as estirpes de fungos foram fornecidas pelo Centro Regional de Micologia e Biotecnologia da Universidade Al-Azhar (RCMB).

Tabela (1): Lista de estirpes bacterianas e fúngicas patogénicas utilizadas:

Tipo de microorganismos	Estirpes	ATCC/RCMB número
Grama Bactérias positivas	*Staphylococcus aureus*	ATCC 6538
	Bacillus subtilis	ATCC 6633
	Bacillus Cereus	ATCC 10876
Grama bactérias negativas	*Escherichia coli*	ATCC 10536
	Pseudomonas aeruginosa	ATCC 2036
	Salmonella enterica	ATCC 14028
Levedura	*Candida albicans*	RCMB (005 003)
	Candida glabrata	RCMB (002 007 "2")
Fungos filamentosos	*Aspergillus flavus*	RCMB (002 0072)
	Penicillium expansum	RCMB (001 001 "1")

3- Meios utilizados:

Foram utilizados os seguintes meios para estudar os ensaios antimicrobianos dos compostos testados. A composição dos diferentes meios foi apresentada da seguinte forma (g/L):

1- Ágar de extrato de malte:

Extrato de malte 20.0 g

Glicose Ágar Peptona Bacteriológico 20.0 g

Água destilada 1.0 g

20.0 g
1.0 L

O pH do meio foi ajustado a 5,4 ± 0,2 para as estirpes de fungos **(Smith e Onions, 1983)**.

Ágar 2-Nutriente (NA)

Extrato de carne de bovino	3.0 g
Peptona bacteriológica	5.0 g
Ágar	20.0 g
Água destilada	1.0 L

Os organismos de ensaio bacterianos foram cultivados e mantidos em placas de meio de ágar nutriente sólido com a seguinte composição, de acordo com **(Shrilling e Gottlieb, 1966)**. O pH do meio foi ajustado para 7,0 ± 0,2.

3-Meio de ágar de extrato de levedura e malte (YMB)

Os organismos de teste de levedura foram cultivados em meio de extrato de malte de levedura que tinha a seguinte composição:

Glucose10 .0 g
Peptona5 ,0 g
Extrato de levedura3 ,0 g
Extrato de malte3 ,0 g
Água destilada1 ,0 L

O pH do meio foi ajustado para 6,2 ± 0,2 **(Atlas, 1993)**. Todos os meios foram esterilizados em autoclave a 121 °C durante 20 min. sob 1,5 pressões atmosféricas para esterilização.

ii. <u>Métodos</u>

1. Extração de nanoglucanos (NGs)

A novidade deste trabalho visa estabelecer e conceber uma nova abordagem para a produção de nanoglucanos (NGs) diretamente para evitar um tratamento químico adicional dos β-glucanos pelos métodos convencionais a partir de cogumelos comestíveis, utilizando o procedimento ácido-base assistido por homogeneização durante a precipitação de álcali-glucano solúvel.

A extração de NGs foi realizada usando o método ácido-base descrito originalmente por **(Zheng et al., 2019)** para extração de β-glucano solúvel em água com algumas modificações. Resumidamente, os corpos de frutificação recém-obtidos (100 g) de cogumelos ostra e shiitake foram secos a 60° C por 8h, depois triturados para obter partículas finas. Extração prévia com metanol para remover pequenas moléculas, incluindo mono e oligossacáridos **(Swain et al., 2015)**. Os cogumelos triturados foram submetidos separadamente a uma solução aquosa quente durante 6 horas a 100° C para remover compostos polares, como lípidos, fenóis e terpenos, embora tal não seja exigido **(Ruthes et al., 2015)**. Posteriormente, os resíduos foram recolhidos por centrifugação e depois fervidos com NaOH a 5% durante 24h. As fracções solúveis obtidas foram neutralizadas com HCl 0,1N, seguido de adição de etanol sob homogeneização intensa (4000rpm). Os precipitados formados (NGs) foram lavados severamente com etanol/água (3:1) antes da recolha e, em seguida, dialisados e finalmente secos em liofilizador **(Anusuya & Sathiyabama, 2014)**. Os NGs resultantes extraídos de ambos os tipos de cogumelos foram codificados como NGs-s e NGs-o para shiitake e cogumelos ostra, respetivamente. Os procedimentos de extração e purificação foram resumidos no esquema da figura (9).

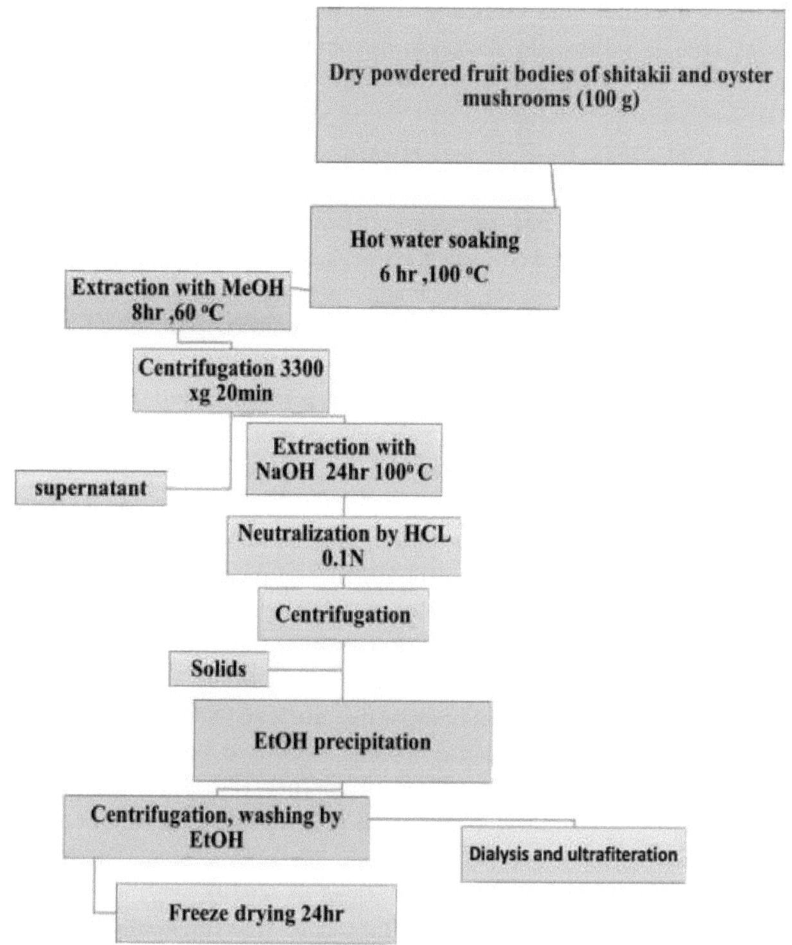

Figura 9: Procedimentos de extração de NGs de corpos de frutificação de cogumelos

1.1. Caracterizações de NGs

1.1.1. Percentagem de rendimento

A porcentagem de rendimento (Y%) dos GNs obtidos foi determinada de acordo com a seguinte equação: Y % = (Wb - W_a)/Wb x 100, onde Wb e W_a são o peso do cogumelo seco antes da extração e o peso dos GNs secos após a extração, respetivamente **(Sari et al., 2017)**.

2.3.1. Análise por espetroscopia de massa por cromatografia líquida (LC-mass)

As amostras de NGs (100 μg/mL) foram preparadas com solvente de grau analítico de metanol para cromatografia líquida de alta eficiência (HPLC), filtradas com um filtro de disco de membrana (0,2 μm) e, em seguida, submetidas a LC-ESI-MS (análise de instrumento triplo quádruplo XEVO TQD). Amostras de volume (10 μE) foram injetadas no instrumento UPLC equipado com coluna C-18 de fase reversa (ACQUITY UPLC - BEH C18, tamanho de partícula de 1,7μπι - coluna de 2,1 x 50 mm). A fase móvel da amostra foi preparada por filtragem utilizando um disco de membrana filtrante de 0,2μπι e desgaseificada por sonicação antes da injeção.

A eluição da fase móvel foi efectuada com um caudal de 0,2 mL/min, utilizando uma fase móvel gradiente composta por dois eluentes, nomeadamente, o eluente A (H_2O acidificado com 0,1% de ácido fórmico) e o eluente B (metanol acidificado com 0,1% de ácido fórmico). Para a análise, os parâmetros foram realizados utilizando o modo de iões negativos da seguinte forma: temperatura da fonte 150 °C, tensão do cone 30 eV, tensão capilar 3 kV, temperatura de dessolvatação 440 °C, fluxo de gás do cone 50 L/h e fluxo de gás de dessolvatação 900 L/h. Os espectros de massa foram detectados no ESI entre *m/z* 100-1000. Os picos e espectros foram processados usando o software Maslynx 4.1 e tentativamente identificados comparando seu tempo de retenção (Rt) e espetro de massa com ß-glucano padrão 95% de mal (sigma Aldrich) **(Eyigor et al., 2018)**.

1.1.2. Espectros de ressonância magnética nuclear (NMR):

As fracções activas das amostras (NGs-s, NGs-o e beta-glucano padrão) foram submetidas à análise de RMN de protões H^1 . As amostras foram dissolvidas em dimetilsulfóxido deuterado (DMSO-d6) num espetrómetro de RMN Varian Mercury-VX-300 no Centro Micro-Analítico, Faculdade de Ciências, Universidade do Cairo **(Smiderle et al., 2010)**.

1.1.3. Espectroscopia de infravermelhos com transformada de Fourier (FTIR)

A estrutura química também pode ser confirmada através de medições ATR - FTIR. As amostras de GNs em pó seco ao ar foram trituradas em pellets e analisadas em um instrumento de espetro Thermo Nicolet modelo 6700 no modo de reflectância difusa operando a uma resolução de 4,0 cm^{-1} no National Research Center (NRC) **(Leô et al., 2013)**.

1.1.4. Espectroscopia ultravioleta-visível (UV-vis)

A formação de NGs extraídos em solução coloidal foi monitorizada utilizando espectros UV-vis. As alterações de cor no sobrenadante foram monitorizadas por inspeção visual e medições de absorvância utilizando o espetrofotómetro T80 (Alemanha). Os espectros das ressonâncias plasmónicas de superfície (SPR) de NGs foram registados utilizando um espetrofotómetro UV-vis em comprimentos de onda entre 200 e 600 nm **(Anusuya & Sathiyabama, 2014)**.

1.1.5. Potencial zeta e análise do tamanho das partículas

As cargas superficiais adquiridas pelas nanopartículas em solução coloidal de NGs foram medidas, bem como a distribuição do tamanho das partículas de NGs foi avaliada utilizando a medição da dispersão dinâmica da luz (DLS) efectuada com um instrumento Malvern Zeta Sizer. As medições foram efectuadas no intervalo entre 10 e 1000 nm. Os dados obtidos foram analisados usando o software Zeta sizer no Centro de Pesquisa Agrícola (ARC) **(Udayangani et al., 2017)**.

1.1.6. Morfologia da superfície e tamanho das partículas de NGs (Estudos de Microscopia Eletrónica)

1.1.6.1 Microscopia eletrónica de varrimento (SEM)

A caraterização morfológica foi realizada utilizando um instrumento de microscopia eletrónica de varrimento - JSM-5400 (Jeol, Japão). Os espécimes de NGs foram montados em suportes de amostras e revestidos com uma película fina de ouro pelo método de pulverização catódica **(Ifuku et al., 2011)**.

1.1.6.2 Microscopia eletrónica de transmissão (TEM)

O tamanho e a forma dos NGs foram determinados por TEM (JEOL 1010 Japão). As amostras foram preparadas por revestimento gota a gota da solução de NGs na grelha de cobre revestida de carbono e depois carregadas num suporte de amostras no Centro Nacional de Investigação **(Sathiyanarayanan & Muthukrishnan, 2014)**.

2. Síntese de AuNPs com auxílio de micro-ondas

As AuNPs foram sintetizadas utilizando as NGs-s mais potentes através de uma reação induzida por micro-ondas. Inicialmente, 0,1 g de NGs-s foi dissolvido em 25 ml de água destilada. O pH do meio foi ajustado para 10 com NaOH. Após a solvatação completa de NGs-s, foram adicionadas gota a gota diferentes concentrações (0,05, 0,1, 0,2, 0,3, 0,4 mM) de solução de HAuCl4 à solução de NGs-s e, em seguida, expostas a radiação de micro-ondas (Galanz, 100 Hz) em diferentes tempos, tipicamente, 10, 15, 20, 30, 50 e 60 segundos. Os comportamentos de absorção UV-vis das AuNPs foram registados para otimizar a preparação das AuNPs. A água destilada ultra-filtrada de alta pureza foi usada para preparar todas as soluções **(Shah & Zheng, 2019)**.

2.1. Caracterização das AuNPs

2.1.1 Espectroscopia ultravioleta-visível (UV-vis)

A preparação otimizada de AuNPs sintetizadas usando NGs-s foi monitorada por espetroscopia UV-vis (espectrofotômetro T80, Alemanha) em uma faixa de comprimento de onda de 190-800 nm **(Sunkari et al., 2017)**.

2.1.2 Medição do tamanho das partículas e do potencial zeta

Foram medidas as cargas de superfície e o tamanho das partículas adquiridas na solução coloidal preparada. Além disso, a distribuição das AuNPs foi avaliada através da medição da dispersão dinâmica da luz (DLS) efectuada com um instrumento Malvern Zetasizer. As medições foram efectuadas no intervalo entre 0,1 e 1000 μm. Os dados obtidos foram analisados usando o software Zeta sizer **(Ngo et al., 2015)**. As medições do potencial zeta (carga superficial) é uma medida da carga eléctrica na superfície das Nano esferas, sendo uma medida indireta da sua estabilidade física. Soluções com potencial zeta acima de +20 mV ou abaixo de-20 mV são consideradas estáveis. As amostras para o potencial zeta foram colocadas numa célula zeta descartável a uma temperatura de 25° C. A medição foi repetida três vezes para cada amostra **(Ashraf et al., 2020)**.

2.1.3 Espectroscopia de infravermelhos com transformada de Fourier (FT-IR)

A análise FT-IR foi realizada para confirmar a estrutura química de NGs após a preparação de AuNPs em um instrumento de espetro Thermo Nicolet modelo 6700 no modo de reflectância difusa operando a uma resolução de 4,0 cm^{-1} no National Research Center (NRC) **(Ngo et al., 2015)**.

2.1.4 Difração de raios X (XRD)

A técnica de XRD foi utilizada para determinar o índice de cristalinidade das AuNPs preparadas, bem como dos NGs-s extraídos. Os padrões de XRD das amostras liofilizadas foram colocados numa lâmina de vidro. A lâmina de vidro da amostra foi mantida no sistema de difractometria de raios X Rigaku Smart Lab. As intensidades de difração das nanopartículas que variam de 10 ° a 90 ° 2Θ ângulo foram registados. As medições foram registradas em um sistema de difratômetro de raios X Philips PW3040, monitorando o ângulo de difração, e θ é o ângulo de Bragg **(Gutiérrez-Wing et al., 2012; Parthasarathy et al., 2021)**.

2.1.5 Microscopia eletrónica de transmissão (TEM)

A morfologia das AuNPs foi observada por TEM (JEM-2010HT), fundindo a dispersão de nanopartículas em grades de cobre revestidas de carbono e deixando secar à temperatura ambiente **(Sunkari et al., 2017)**.

2.1.6 Microscopia de força atómica (AFM)

O AFM é um instrumento de alta resolução amplamente utilizado para observar a caraterização morfológica. No AFM, a força interactiva entre a ponta da sonda e a superfície da amostra é determinada no modelo de laboratório de força atómica do Centro Microanalítico da Faculdade de Ciências da Universidade do Cairo: Wet - SPM9600 (Scanning Probe microscope) Shimadzu fabricado no Japão Modo não-contacto **(Nath et al., 2004)**.

2.2. Aplicação de NGs e AuNPs extraídos

2.2.1 Avaliação da atividade antimicrobiana *in vitro*

A atividade antimicrobiana das NGs (NGS-s, NGs-o) e das AuNPs foi avaliada utilizando o método de difusão em ágar contra seis estirpes bacterianas patogénicas; três bactérias gram-positivas (*Bacillus cereus, Bacillus subtilis* e *Staphylococcus aureus*) e três bactérias gram-negativas (*Escherichia coli, Salmonella enteric* e *Pseudomonas aeruginosa*). Além disso, foram também examinadas quatro estirpes de fungos (*Candida albicans, Candida glabrata, Aspergillus flavus* e *Penicillium expansum*). Resumidamente, as amostras, nomeadamente, NGs-s, NGs-o e AuNPs, foram avaliadas quanto à sua atividade antimicrobiana em comparação com os antibióticos de referência padrão (flummox (flucloxacilina) e micostatina (nistatina)) com uma concentração final de 20 mg/mL e esterilizadas através de um filtro de membrana de 0,45 µm. Foram feitos pequenos poços (6 mm de diâmetro) nas placas de ágar com uma broca de cortiça estéril para avaliar a presença de actividades antimicrobianas das amostras **(Ramesh & Pattar, 2010; Parthasarathy et al., 2021)**.

Cem microlitros (100 gl) de cada amostra foram colocados nos diferentes poços. A concentração das suspensões de células microbianas alvo foi ajustada para 10^4 cfu/mL. Para determinar a eficácia antimicrobiana das fracções, uma alíquota da cultura de teste (100 µL) foi espalhada uniformemente sobre a superfície do ágar solidificado, utilizando uma zaragatoa estéril. As bactérias foram cultivadas em ágar nutriente, enquanto os fungos e as espécies de candida foram cultivados em ágar de extrato de malte e ágar de extrato de malte de levedura, respetivamente. Foram utilizados diferentes solventes como controlo para os microrganismos testados.

Cada placa de teste é composta por três poços, controlo positivo (antibiótico comercial padrão, controlo negativo e solução de amostra. Os antibióticos padrão foram Flummox para bactérias gram +ve e -ve, enquanto Mycostatin foi utilizado para estirpes de fungos. As placas foram então incubadas a 37 °C durante 18-24 horas para as bactérias, dependendo da espécie de bactéria utilizada no teste, e a 28 °C durante 48 horas para os fungos. Após o período de incubação, as placas foram examinadas quanto à zona de inibição e medidas em milímetros (mm). A zona de inibição foi registada e o teste foi repetido três vezes (triplicado) para garantir a fiabilidade **(khan et al., 2020b)**.

2.2.2 Determinação da Concentração Inibitória Mínima (CIM)

O método quantitativo de diluição em placas de microtítulo **(Andrews, 2001)**, ou seja, a concentração inibitória mínima (CIM), foi utilizado para avaliar a atividade antimicrobiana das NGs-s, NGs-o e AuNPs contra os organismos inibidos. A determinação da CIM das nanopartículas contra os isolados testados foi efectuada utilizando microplacas estéreis de 96 poços. Foi utilizada a concentração inicial de 100% das NGs, AuNPs e fármacos de referência examinados (Flummox e Micostatina) e, em seguida, foram inoculadas diluições em série diferentes (10 - 100 ug/ml) com 100µl de isolados testados (0,5 McFarland, cerca de 1*105 células/ml) e incubadas a duas temperaturas diferentes 37°C e 28°C para isolados bacterianos e fúngicos, respetivamente, durante 24 h. Após o período de incubação, as placas foram examinadas visualmente para detetar o crescimento bacteriano e/ou fúngico. As experiências foram efectuadas em triplicado. A concentração mais baixa que mostrou uma inibição completa do crescimento do micróbio foi considerada como CIM.

2.3. Atividade anti-tumoral

2.3.1. Avaliação dos efeitos citotóxicos das NGs e AuNPs

- **Linhas celulares de mamíferos:**

As células **MCF-7** (linha celular de cancro da mama humano) e as células **HCT-116** (linha celular de cancro do cólon humano) foram obtidas da VACSERA, Unidade de Cultura de Tecidos, a experiência foi realizada na (RCMB). A cultura de células de fibroblastos de pulmão normal humano **(Wi 38)** foi fornecida pela American Type Culture Collection (ATCC)

- **Propagação de linhas celulares:**

As células foram propagadas em meio de Eagle modificado de Dulbecco (DMEM) suplementado com 10% de soro fetal bovino inactivado pelo calor, 1% de L-glutamina, tampão HEPES e 50µg/ml de gentamicina. Todas as células foram mantidas a 37°C numa atmosfera humidificada com 5% de CO_2 e foram subcultivadas duas vezes por semana.

- **Avaliação da citotoxicidade utilizando o ensaio de viabilidade:**

O ensaio MTT [brometo de 3-(4,5- dimetiltiazol-2-il)-2,5-difenil tetrazólio] foi utilizado para testar a citotoxicidade *in vitro* das NGs e das AuNPs sintetizadas. Nesta experiência, placas de 96 poços (cada poço contendo 0,2 mL de meio) foram semeadas com células, as linhas celulares HCT116 de carcinoma do cólon e MCF7 foram colhidas da cultura em fase exponencial, contadas e colocadas em placas de 96 poços múltiplos (104 células/poço) durante 24 horas antes do tratamento com os compostos para permitir a fixação das células à parede da placa, as soluções de NGs e AuNPs (500, 250, 125, 62.5, 31,2, 15,6, 7,8, 3,9, 2, 1 µg/mL) adicionadas aos poços e incubadas em incubadora de 5% de CO2 a 37 °C por um dia. Todas as experiências foram realizadas em triplicado (três poços foram utilizados para cada concentração de cada amostra). Após um dia de incubação, o rendimento de células viáveis foi determinado por um método colorimétrico, a densidade ótica foi medida com o leitor de microplacas (SunRise, TECAN, Inc, EUA) para determinar o número de células viáveis, a % de viabilidade celular foi calculada de acordo com **(Skehan et al., 1990)**.

A relação entre as células sobreviventes e a concentração dos compostos testados é traçada para obter a curva de sobrevivência de cada linha de células tumorais após o tratamento com o composto especificado. A LC50 (concentração mínima que reduz o número inicial de células para metade), a concentração necessária para causar efeitos tóxicos em 50% das células intactas, foi estimada a partir de gráficos da curva de resposta à dose para cada concentração, foi calculada utilizando o programa Graph-Pad Prism (Graph-Pad, UK) **(Houghton et al., 2007)**.

A % de inibição do crescimento na presença de NGs e Au foi calculada de acordo com **(Muthuraman et al., 2012)** da seguinte forma

Percentagem de crescimento na presença do material testado =

$$\frac{\text{Crescimento na presença do material utilizado no ensaio x 100}}{\text{Crescimento na ausência do material utilizado no ensaio}}$$

3. Preparação do hidrogel

3.1. Preparação do hidrogel de NGs (Gelificação)

Foram utilizadas diferentes concentrações de solução de NGs-s (4, 6, 8 e 10 %) dissolvendo NGs em água destilada quente (40 °C) com agitação a 500 rpm. A mistura foi então exposta a uma irradiação gama na fonte de Co-60 (taxa de dose de 10 kGy/h) durante 60 minutos para preparar um hidrogel de NGs **(Park et al., 2018)**.

3.2. NGs/Cr Preparação do hidrogel

Os hidrogéis foram preparados utilizando NGs-s e carragenina para o sistema de rede 3D na presença de reticulador. Enquanto a carragenina foi utilizada com uma quantidade fixa de 2,5%, em frascos separados, foram utilizadas quatro proporções diferentes de NGs-s, tipicamente 0,5g, 1g, 1,5g e 2g em 40 ml de água destilada. Este último foi misturado cuidadosamente com cloreto de cálcio ($CaCl_2$) (1% w/w) como reticulante, seguido de agitação durante 5 min a 40° C. Em seguida, a mistura foi vertida em placas de 9 poços limpas e secas para formar discos espessos e uniformes e, finalmente, liofilizada na liofilização a -60° C. Estes discos secos foram lavados duas vezes com metanol para remover todo o reticulante não dissolvido e novamente deixados a liofilizar. Além disso, o efeito das concentrações de reticulante ($CaCl_2$) foi investigado colocando os discos de hidrogel em diferentes concentrações de $CaCl_2$ (0,5,1,1,5,2 %). O comportamento de inchaço dos hidrogéis formados foi investigado na busca de otimização **(Nair et al., 2016)**.

3.3. Determinação do rácio de inchamento de equilíbrio

O método gravimétrico clássico foi utilizado para medir o rácio de inchaço de equilíbrio (ESR) dos hidrogéis. As amostras de hidrogel foram equilibradas em água a uma temperatura ambiente de 25 °C. A amostra de hidrogel liofilizado (2 cm* 2 cm, cerca de 0,2 g) foi embebida numa quantidade excessiva de água destilada para atingir o equilíbrio de dilatação durante 24 horas. Os hidrogéis inchados foram filtrados utilizando um peneiro de 100 malhas e drenados durante 20 minutos para remover a água livre antes de estimar a massa dos hidrogéis inchados. A absorção de água de equilíbrio foi calculada utilizando a equação: ESR % = W1 - w_o /Wo x100

ESR é a absorção de água de equilíbrio, definida como gramas de água por grama de amostra; w_o e W1 são os pesos da amostra antes e depois do inchamento, respetivamente **(Hebeish et al., 2014)**.

3.4. Caracterização dos hidrogéis preparados:

3.5.1 Microscopia eletrónica de varrimento (SEM)

A topografia e a morfologia dos hidrogéis de NGs/Cr foram examinadas por SEM (JEOL, JSM-6360LA, Japão) **(Nováka et al., 2012)**.

3.5.2 Espectroscopia de infravermelhos com transformada de Fourier (FT-IR)

A caraterização dos hidrogéis preparados usando a técnica FT-IR foi realizada para acompanhar a mudança na funcionalidade dos hidrogéis NGs/Cr **(Hebeish et al., 2015)**.

3.5.3. Análise BET

A área de superfície específica, o diâmetro dos poros e o volume dos poros de cada hidrogel de NGs/car foram investigados. Antes da investigação, cada hidrogel foi submetido a um processo de liofilização. A investigação foi realizada utilizando nitrogénio a 77 K num sistema de sorção de gás Autosorb-1 (Quantasorb Jr.). As amostras foram desgaseificadas a 200 °C sob pressão reduzida antes de cada medição **(Treesuppharat et al., 2017)**.

3.5. pH - reativo dos hidrogéis

As amostras de hidrogel liofilizadas foram pesadas e imersas em solução tampão de diferentes pH de 2, 5, 7, 9 e 11 a 25^0 C. As amostras foram removidas da solução após 24 h, depois limpas com papel e pesadas imediatamente para determinar a percentagem de inchaço (ESR) que se comparou com o peso inicial e medir o rácio de inchaço de cada hidrogel inchado **(Nair et al., 2016)**.

3.6. Aplicação médica de hidrogéis de NGs/Cr

3.6.1. Carga de medicamentos

As experiências de carregamento de fármacos foram realizadas utilizando AuNPs como modelo de fármaco, em que as AuNPs foram carregadas no hidrogel optimizado através do método de difusão por inchamento. Em primeiro lugar, os hidrogéis foram secos numa estufa a 45 °C até se obter um peso constante e, em seguida, deixados a inchar em solução aquosa de AuNPs (5mg/ml) a 37 °C durante 24 h. Os hidrogéis carregados foram lavados com água desionizada e secos novamente para obter hidrogéis carregados com fármaco. A concentração do fármaco (AuNPs) remanescente na solução de carregamento foi determinada através do cálculo do peso ganho do hidrogel após o carregamento. O hidrogel carregado com AuNPs foi então observado visualmente por meio de SEM.

3.6.2. Perfil de libertação do fármaco *in vitro*

A curva de calibração das AuNPs foi utilizada como fármaco modelo. Os hidrogéis secos de NGs/Cr foram mergulhados numa solução de AuNPs (5mg/ml) durante 24 h. A libertação do fármaco foi determinada colocando-o em duas soluções diferentes de PBS com pH 2 e 10. A libertação de AuNPs foi determinada em vários momentos por espetroscopia UV para determinar a concentração de AuNPs libertadas do hidrogel a 530 nm. Os perfis de libertação de AuNPs do hidrogel de NGs/Cr foram investigados. A libertação percentual cumulativa foi calculada da seguinte forma: Libertação percentual cumulativa = $W_t / W_I \times 100$, em que W_t é a quantidade de AuNPs libertadas do hidrogel no tempo t e W_I é a quantidade de AuNPs carregadas no hidrogel.

3.6.3. Avaliação *in vivo* de hidrogéis Modelos de cicatrização de feridas por excisão

Foram utilizadas fêmeas de ratos albinos adultos, pesando cerca de 250-280 g. Todos os animais tiveram livre acesso a água e alimentos e foram mantidos em condições específicas (22 ± 2 °C, 12 h, ciclo claro-escuro). Doze ratos foram anestesiados e, em seguida, as suas costas foram raspadas com uma máquina de barbear eléctrica. A pele do animal foi raspada e desinfectada com etanol a 70%. A pele foi excisada na região interescapular dorsal (1,5 × 1,5 cm^2). Os ratos foram distribuídos aleatoriamente por quatro grupos (n = 3). Todos os hidrogéis foram esterilizados por irradiação UV antes de serem utilizados nos animais. O grupo I serviu de controlo (sem tratamento, as feridas foram cobertas com gaze esterilizada), o grupo II foi tratado com o hidrogel de NGs/Cr em bruto, enquanto as feridas dos ratos dos grupos III foram tratadas com os hidrogéis selecionados carregados com AuNPs, o grupo IV serviu de controlo +ve, com um penso embebido em solução de betadina (iodo) como reagente desinfetante. Cada grupo foi mantido separadamente numa gaiola individual. Os pensos foram mudados diariamente e as feridas foram inspeccionadas e fotografadas com uma câmara digital aos 2nd , 4th ,6th e 10th dias. O tamanho de cada ferida foi medido e o tamanho médio das três áreas da ferida em cada grupo foi calculado e representado como média ± S.E. O progresso da cicatrização da ferida foi avaliado calculando-se a redução relativa do tamanho da ferida (%). Redução relativa do tamanho da ferida % = $ws_{o}-ws_{t}/ws_{o}$ x100; em que ws_{o} e ws_{t} são o tamanho da ferida no momento inicial e após o tempo 't', respetivamente. Por fim, os animais foram sacrificados por deslocamento cervical **(Yadav et al., 2015; Kalita et al., 2018)**.

Regras deontológicas

Cicero et al., 2018, para anestesia em ratos, utilizaram uma câmara de vidro fechada, a uma concentração de 5%, com fluxo de ar utilizado como gás de arrastamento durante 1 min. Agentes anestésicos mais utilizados (cetamina, propofol, isoflurano/halotano) para induzir e manter a anestesia em laboratório. **3.6.4. Análise histológica**.

O tecido de granulação foi recolhido ao décimo dia, fixado em formalina a 10% (v/v) e incluído em parafina. O tecido foi seccionado e corado com hematoxilina-eosina (H & E) e corantes tricrómicos de Masson e observado num microscópio de luz (Leica Microsystems GmbH, Wetzlar, Alemanha) para estudo histológico e as secções para investigação histopatológica foram preparadas de acordo com o método descrito **(Mohandas et al., 2018; EL Hosary et al., 2020)**.

4. Análise estatística:

Todas as preparações e determinações em experiências antimicrobianas e de cicatrização de feridas foram efectuadas em triplicado e os resultados foram analisados estatisticamente. Os dados obtidos foram analisados e a significância estatística foi testada através de uma análise de variância de duas vias (ANOVA). Um teste post-hoc (Tukey HSD) foi aplicado para especificar as diferenças entre as médias. $p > 0{,}05$, *; $p < 0{,}05$, **; $p < 0{,}01$, e ***; $p < 0{,}001$) que indicam que quanto mais estrelas houver, mais significativo e mais diferente. E os resultados foram analisados estatisticamente usando o software Sigma® 12.5, estendido com um pacote estatístico e os gráficos foram plotados no **Microsoft™ Excel® 2016** foi usado. Todos os experimentos antimicrobianos e de cicatrização de feridas foram realizados em triplicata, que foram expressos pelas médias + DP de cada grupo **(Systat, 2001)**.

1- Extração de nano-glucanos

1.1.Extração e teor de rendimento de ambos os GN

A extração de NGs foi realizada utilizando o método ácido-base, no qual foram aplicadas duas espécies diferentes de cogumelos. Normalmente, os corpos de frutificação recém-obtidos (100 g) de ostra e shiitake foram secos e purificados com metanol antes do processo de extração. De seguida, os cogumelos secos foram expostos a NaOH a 5% fervido durante 24 horas. As soluções extraídas foram, separadamente, neutralizadas e dialisadas antes da precipitação com etanol sob homogeneização a 4000 rpm. Uma vez que a forma α existia na fração insolúvel em água, a fração solúvel em água do β-glucano solúvel em álcali foi finalmente obtida após liofilização utilizando um secador por congelação para ser prontamente utilizada em análises e caracterizações posteriores. A % de rendimento dos GN extraídos foi variada. A percentagem de rendimento maciço de GN em relação ao peso seco do cogumelo foi de 4,6 ± 0,2 e 3,16 ± 0,15 para os cogumelos shiitake e ostra, respetivamente.

1.2.Caracterização dos GN extraídos

1.2.1. LC- massa

Os cromatogramas do β-glucano padrão e dos GN extraídos foram realizados utilizando a espetrometria de massa LC. A área do pico, as percentagens e o peso molecular dos diferentes componentes com um tempo de retenção específico (Rt) foram apresentados na **Tabela 2** e na **figura 10 (A)**. Em comparação com o padrão de β-glucano, o NGs-o apresentou valores de RT mútuos de 10,23, 11,6, 12,3 e 13,4 min. Enquanto que o NGs-s apresentou os mesmos valores de RT do β-glucano padrão a 0,75, 10,23, 11,6, 12,3, 12,5, 13,4 e 14,2 min. Também se pode observar que, tanto o NGs-o como o NGs-s partilharam os quatro picos principais que ocorreram na absorvância máxima do β-glucano padrão a 10,23, 11,6, 12,3 e 13,4 min., Por outro lado, o NGs-o adquiriu picos mútuos com o NGs-s colocados no valor RT 9,33, 11,7, 14,4 e 14,5 min. **A figura 10 (B)** representa os espectros de massa dos fragmentos da área de absorção altamente percentual do β-glucano padrão em comparação com os NGs-o e NG-s-s extraídos, detectados pelo detetor de massa nos picos de base do peso molecular. Os resultados da figura 10 (B) revelaram que os pesos moleculares detectados para os fragmentos do padrão e dos GN no pico de base foram 313, 274, 303 e 318 Da, respetivamente a RT 11,6, 10,23, 12,3 e 13,4 min

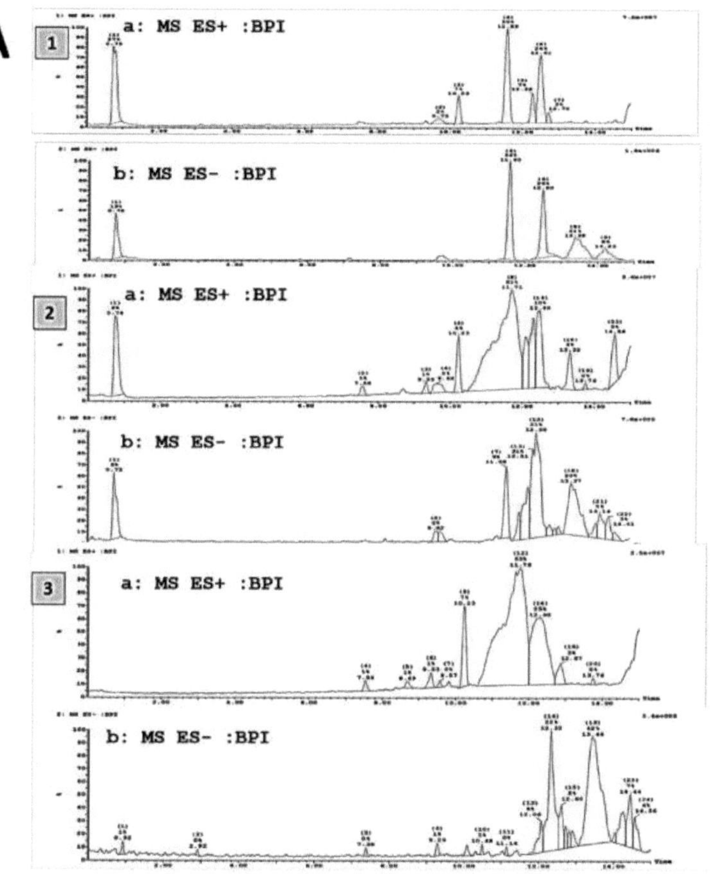
A
1
a: MS ES+ :BPI
b: MS ES- :BPI
2
a: MS ES+ :BPI
b: MS ES- :BPI
3
a: MS ES+ :BPI
b: MS ES- :BPI

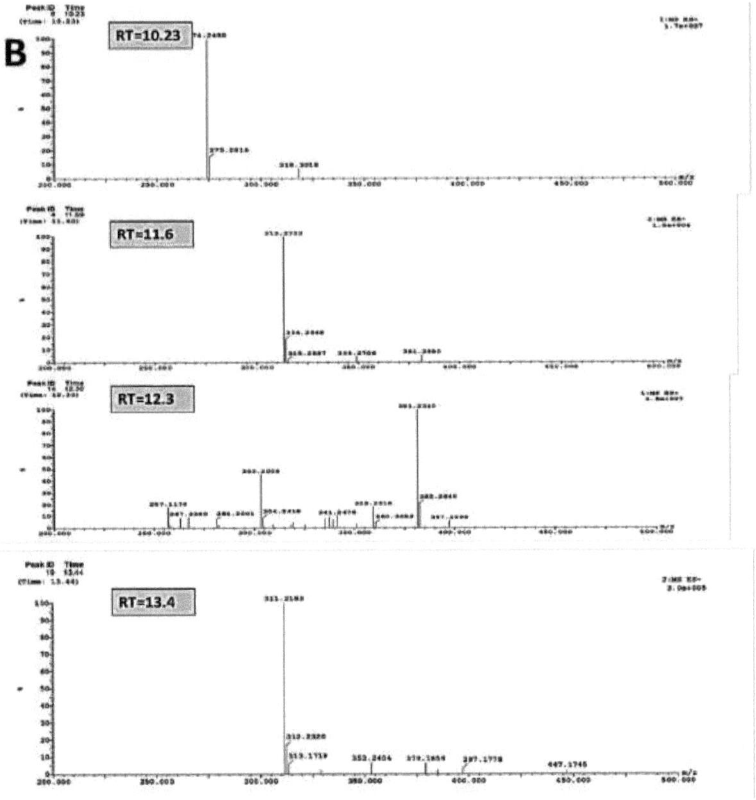

Figura 10: LC-MS; **A,** (1) representa o β-glucano padrão, (2) NGs-s, (3) NGs-o; a e b referem-se ao modo de análise de aquisição de iões +ve e - ve , respetivamente. **B** representa quatro espectros de massa mútuos de fragmentos obtidos aos 10,23, 11,6, 12,3 e 13,4 minutos de RT.

Quadro 2: Absorvância de área do RT de GN e glucano padrão com valores +ve e -ve

Retention time	Area absorbance					
	Standard glucan		NGs-s		NGso	
	+ve	-ve	+ve	-ve	+ve	-ve
0.75	8364582.0000	95086.1172			498151.5313	
9.33			361467.0625			
9.64			770820.8750			
9.73	840405.5625					
10.23	2161092.250		1910133.6250		2475217.0000	
11.59	9219305.0000		21991852.0000	59569.0195		
11.60		229431.7500		59569.0195		
11.76				23510664.0000		
11.93				18423.3730		
12.09			2408697.5000			11282.6877
12.28	2301904.2500		3347780.7500		9206245.0000	
12.33						58878.1719
12.39				203970.8906		
12.50		178321.9844	4438665.0000			
12.51	7430821.0000					
12.72	610520.0125					4082.3450
12.87				996807.3750		
13.32			1639744.6250			
13.38		146686.8281		130550.5469		
13.44						112587.3047
14.16				29383.5254		
14.22		57492.1719				
14.41				21729.7148		
14.56			2224730.0000			

1.2.2. Análise por RMN

As caraterísticas estruturais dos NGs foram investigadas por ^{1}H NMR em comparação com o padrão de referência β-glucano como claramente mostrado na figura (11). Os principais sinais observados no espetro de RMN de protões de GNs situam-se entre (δ ~ 1,2 - 5,4 ppm). Na figura 11, não foram observados desvios em relação às deslocações químicas indicadas. A figura (11) clarificou obviamente que ambos os GN partilhavam sinais anoméricos idênticos ao padrão β glucano nos sinais δ = 2,5, 2,7 ,3,5, 4,7 ,5,2 e 5.3 ppm, que foram atribuídos a uma estrutura alifática da unidade de glucose apresentada no β-glucano, em que os sinais a (δ ~ 2-5) ppm foram caracterizados para o protão alifático -OH como R-OH e os sinais anoméricos a (δ ~ 3,5-3,8) ppm também foram pronunciados para o protão R-O-CH3, respetivamente

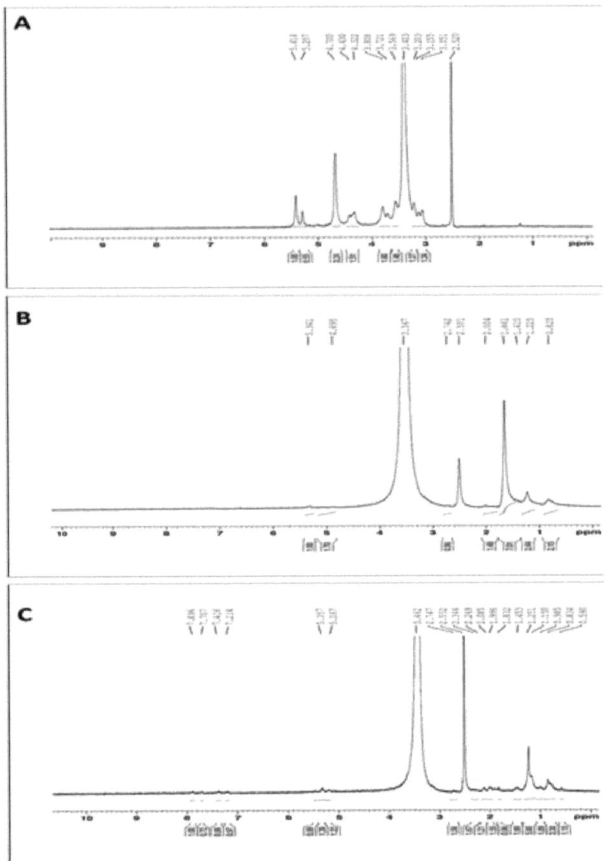

Figura 11:[1] Espectros de RMN de H do β-glucano padrão adquirido (A) e de ambos os tipos de GN extraídos (NGS-s(B) e NGs-o(C)

1.2.3. Espectroscopia de infravermelhos com transformada de Fourier (FTIR)

Os espectros FTIR são frequentemente utilizados para confirmar a estrutura química das moléculas através da medição das suas vibrações moleculares de ligação covalente. As caraterísticas estruturais dos GN sintetizados foram estimadas num espetrómetro FT-IR numa gama de 400-4000 cm^{-1} . Os espectros FTIR de NGs-o e NGs-s foram representados na figura (12). Os dados representados na figura 12 mostram evidentemente as bandas de vibração caraterísticas do polissacárido típico na gama de 10001200 cm^{-1} . Em comparação com o β-glucano padrão, ambos os GN, sob investigação, apresentaram bandas de vibração semelhantes que ocorreram a 3400, 2920 cm^{-1} e 1230 cm^{-1} , que foram atribuídas às vibrações de OH (estiramento), C-

H (estiramento), CH2 (flexão), respetivamente. Por outro lado, as bandas localizadas a 1031 e 1069 cm^{-1} são devidas à ligação C-O dos grupos alcoólicos e C-O do anel de glucopiranose, respetivamente, que caracterizam os polímeros de hidratos de carbono. Outras duas bandas caraterísticas foram localizadas a 1069 e 1157 cm .$^{-1}$

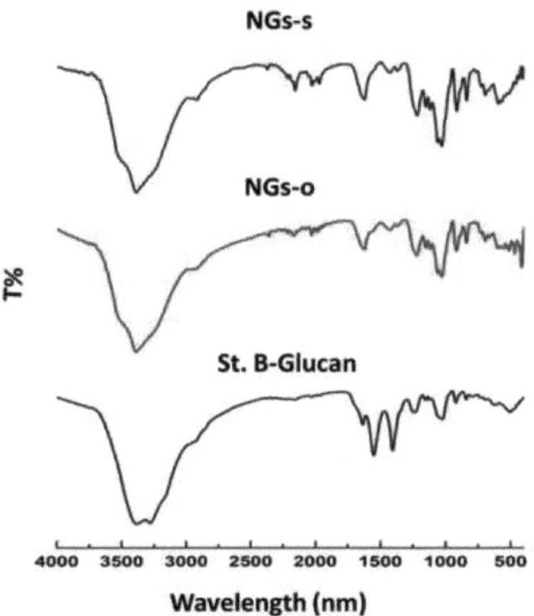

Figura 12: Espectros FTIR dos GN comparados com o ß-glucano padrão

1.2.4. Espectroscopia UV-Vis

Os espectros UV-vis dos NGs foram analisados na região de 200-400 nm, como se pode ver na figura (13). Pode ver-se na figura 13 que foram observadas bandas de absorção largas, com absorvância máxima à superfície, tanto para o NGs-o como para o NGs-s no comprimento de onda de 260-300 nm.

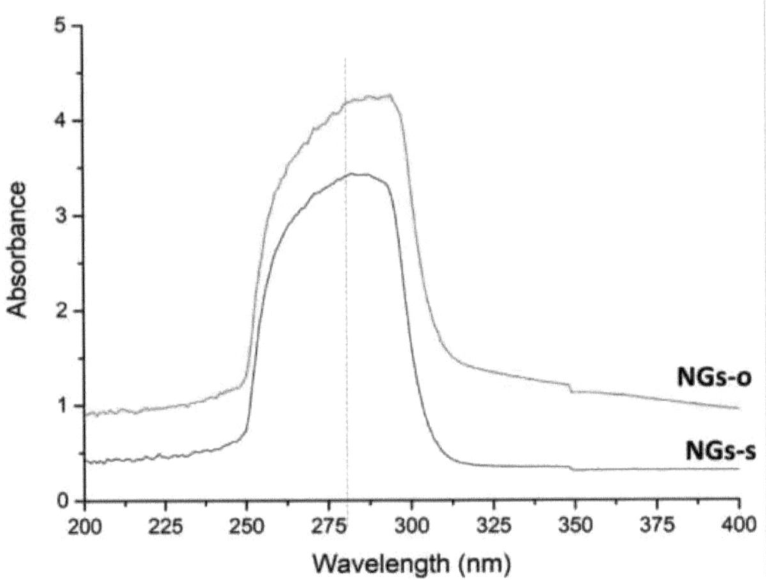

Figura 13: Espectros UV-vis de NGs

1.2.5. Distribuição do tamanho das partículas e potencial Zeta dos NGs

A distribuição do tamanho das partículas e o potencial zeta para os GN extraídos foram representados na figura (14). É evidente a partir da figura 14 que ambos os GNs tinham um tamanho estreito e uma distribuição de tamanho na gama de 50100nm. No entanto, o NGs-s apresentou um tamanho médio médio mais pequeno, de 59,6 nm, do que o registado para o NGs-o, que foi de 88,4 nm, com valores de potencial zeta de -20,8 mv e -16,5 mv para ambos, respetivamente.

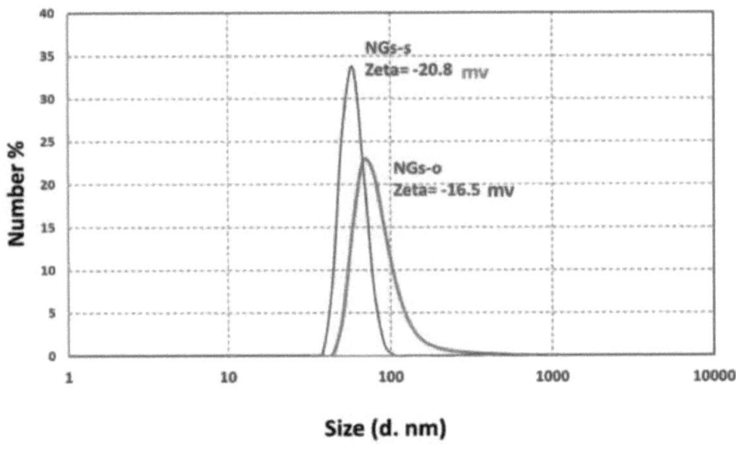

Figura 14: Resultados de DLS dos GN extraídos com potencial zeta

1.2.6. Caracterizações morfológicas de NGs

A: Microscópio eletrónico de varrimento:

As imagens SEM de NGs-s e NGs-o estão representadas na figura (15) (A&B), respetivamente, o que implica uma superfície lisa com uma forma esférica regular aglomerada em grupos, no entanto, as partículas granulares individuais podem ser observadas com uma distribuição de tamanho estreita, como se pode ver no NGs-s (figura 15A). Por outro lado, o NGs-o apresentou formas geométricas irregulares com grandes aglomerados agregados de forma heterogénea. Além disso, os resultados do SEM revelaram que ambos os NGs

porosidade superficial possuída

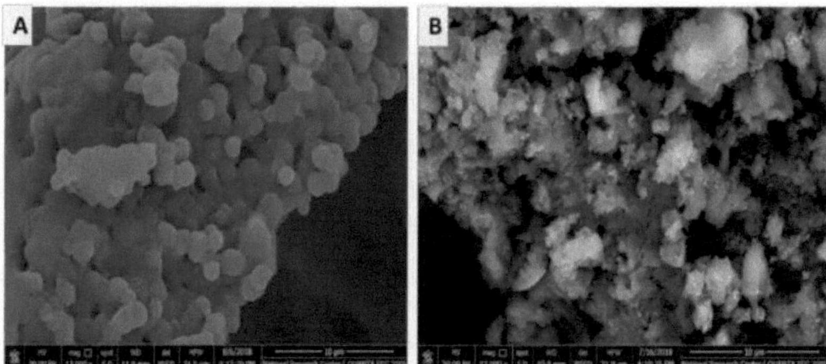

Figura 15: Morfologia microscópica eletrónica de varrimento de GN extraídos, **(A)** para GN-s e **(B)** para GN-o

B: Microscópio Eletrónico de Transmissão

A forma e o tamanho dos GN extraídos com álcali da ostra e do shiitake foram investigados com recurso à análise TEM, conforme representado nas figuras 16 (C) e 16 (D) para os GN-s e os GN-o, respetivamente. Os resultados TEM mostraram a formação bem sucedida de NGs a partir dos cogumelos acima mencionados, com uma média de tamanho de partícula individual principal de 10-25 nm e 40-50 nm para NGs-s e NGs-o, respetivamente. O NGs-s apresentava uma estrutura quase esférica, tendo sido também observadas algumas partículas com bordos em agulha, com um comprimento médio principal de 30 nm. Em comparação com o NGs-s, a micrografia TEM do NGs-o mostrou agregados soltos com cadeias lineares irregulares como estrutura com comprimento médio de

de 70-120 nm.

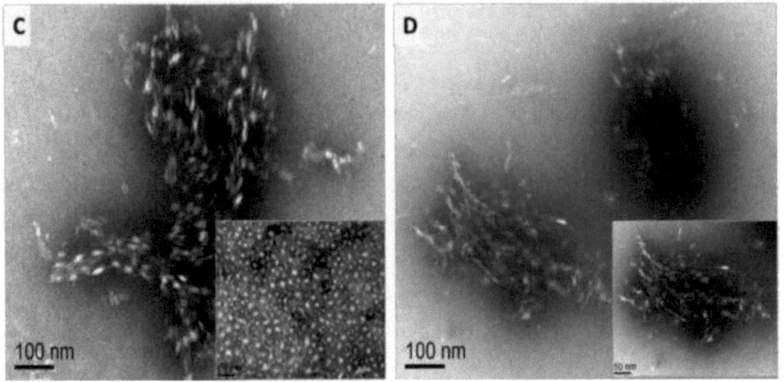

Figura 16: Microscópio eletrónico de transmissão de NGs extraídos, **(C)** para NGs-s e **(D)** para NGs-o

2. Síntese e preparação de nanopartículas de ouro (AuNPs)

Neste caso, as AuNPs foram sintetizadas utilizando o material previamente extraído

NGs de cogumelos shiitake com a ajuda da técnica de micro-ondas (potência de 100%). Os NGs foram utilizados como agente redutor e de cobertura para Estabilização das AuNPs. Tipicamente, foram utilizadas diferentes proporções de HAuCl4 e diferentes tempos de exposição na procura de otimização.

Durante a síntese, a solução coloidal passou de amarelo dourado para cor-de-rosa ou violeta após exposição à radiação de micro-ondas. A mudança na reação de cor indicou a formação de AuNPs por redução ocorrida nos iões Au^{3+} para Au^{0}.

As AuNPs sintetizadas foram completamente caracterizadas para observar forma, tamanho, morfologia, caraterísticas químicas e estruturais da nano-composto resultante por diferentes ferramentas analíticas universais.

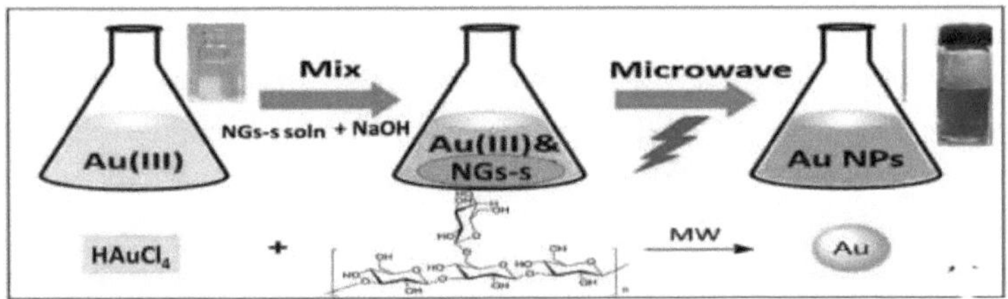

Figura 17: Esquema de preparação e síntese de AuNPs por

NGs utilizando a técnica assistida por micro-ondas

2.1.Caracterização das AuNPs:

2.1.1. Espectroscopia ultravioleta-visível (UV-vis)

A redução dos iões HAuCl4 aquosos durante a reação com as NGs foi monitorizada regularmente por espetroscopia UV-vis. A absorvância das AuNPs consiste na absorção na região do visível com um pico principal de 400 a 600 nm. Os factores que afectam a redução das AuNPs foram também caracterizados utilizando a espetroscopia UV-Vis e detectaram a ressonância plasmónica de superfície (SPR), conforme representado nas figuras (18,19). Figure (18) mostra o efeito do tempo de exposição ao micro-ondas (10 - 60 segundos) na absorvância das AuNPs preparadas. Como se pode ver claramente na figura (18), observou-se uma banda larga na gama de comprimentos de onda de (500-600 nm) aos 10 segundos, a intensidade dos picos aumentou com o aumento da nitidez em direção a uma elevada absorvância a λ max = 530 nm a 60 segundos de exposição ao micro-ondas. Ao aumentar o tempo de exposição até 60 segundos, a banda SPR a 530 nm λ max apareceu e a intensidade do pico de absorção aumentou, indicando que as quantidades de AuNPs sintetizadas aumentaram.

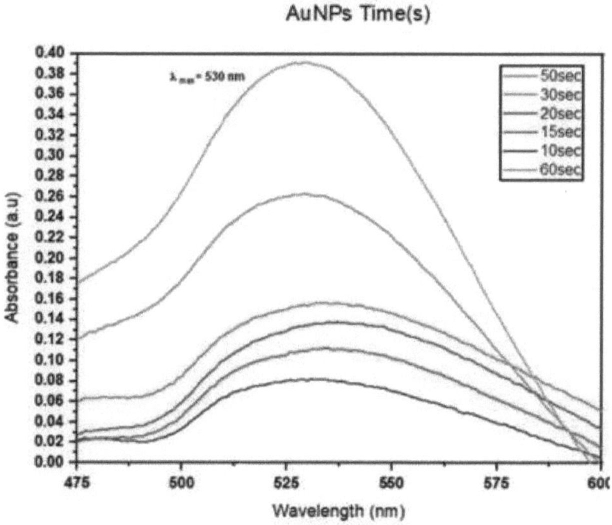

Figura 18: Espectro UV-vis das AuNPs sintetizadas utilizando diferentes tempos de preparação no micro-ondas

Mais tarde, a Figura (19) representou o efeito da concentração de Au^{+3} nas AuNPs preparadas num tempo fixo de exposição ao micro-ondas (60 segundos). A Figura (19) indicou que a concentração mais elevada de HAuCl4 (0,4 mg ml^{-1}) resultou em mais AuNPs do que a concentração mais baixa, mas a velocidade da reação diminuiu, uma vez que não existem bandas SPR a uma concentração demasiado elevada (>0,4 mg ml^{-1})

A baixa concentração, o pico largo com baixa intensidade foi observado, sugerindo que a concentração mais elevada de HAuCl4 levou a uma reação mais rápida. notou-se que a intensidade de absorção aumenta gradualmente com o aumento da concentração de HAuCl4 de 0,05 mM para 0,4 mM, sugerindo a formação de um maior número de nanopartículas com maior concentração de HAuCl4 até à concentração de 0,4 Mm.

Figure (19) mostra o espetro de absorção UV-vis das nanopartículas de ouro produzidas por aquecimento por micro-ondas. O pico de ressonância plasmónica de superfície (SPR) das nanopartículas de ouro foi encontrado no comprimento de onda de 530 nm e indicou a formação de nanopartículas de ouro. Correspondem às cores rosa e violeta de cada amostra (ver figura (19)). Um aumento da concentração de HAuCl4 durante a síntese produz AuNPs individuais e bem dispersas na parede exterior dos β-glucanos. Este facto foi confirmado na amostra β-gluc+AuNP que apresentou o pico SPR centrado em 533 nm

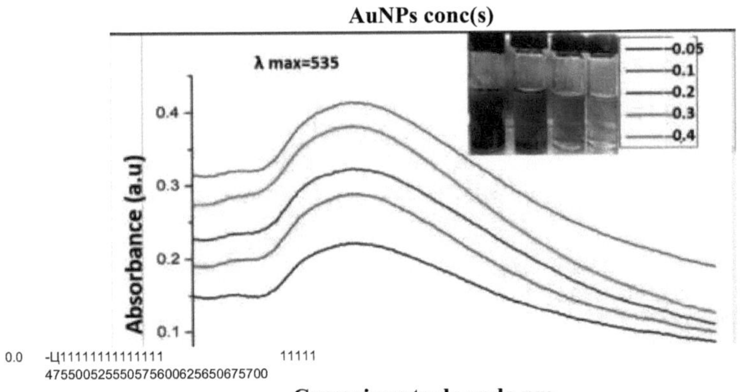

Figura 19: Espectro UV-Visível com imagem digital das AuNPs sintetizadas por aquecimento por micro-ondas utilizando diferentes concentrações de solução de HAuCl4

2.1.2. Medição do tamanho das partículas e do potencial zeta das AuNPs

O tamanho das partículas e a estabilidade das AuNPs contra a agregação e a aglomeração foram investigados utilizando a análise DLS. Conforme representado na figura (20), o tamanho de partícula indicado para as AuNPs foi colocado na faixa principal de 25,2 nm. As AuNPs apresentaram um valor potencial zeta promissor de -31,8 mV formado a partir da solução de NGs. No entanto, o valor do potencial zeta com uma carga negativa elevada refere-se à boa qualidade e estabilidade com fraca agregação das AuNPs sintetizadas.

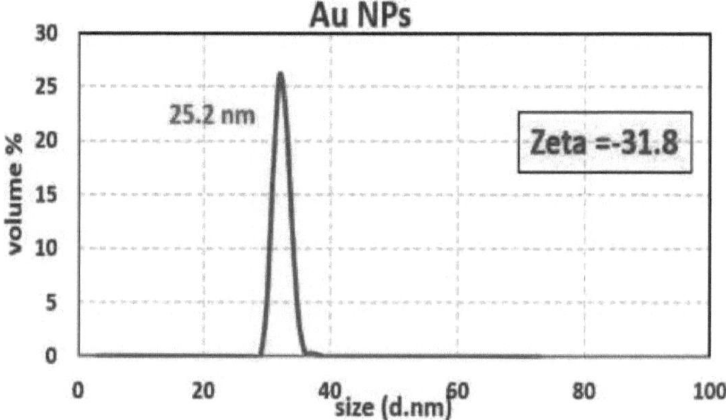

Figura 20: Análise do tamanho das partículas e do potencial zeta das AuNPs

2.1.3. A espetroscopia de infravermelhos por transformada de Fourier equipada com reflectância total atenuada (FTIR-ATR)

As possíveis biomoléculas responsáveis pela redução eficiente dos iões Au e pela formação de AuNPs bio-reduzidas foram confirmadas por análise FTIR. Os espectros FTIR de NGs e AuNPs foram mostrados na figura (21). Os picos existentes a 3400, 2920 cm^{-1} e 1230 cm^{-1} , que foram atribuídos à vibração de O-H (estiramento), C-H (estiramento), CH2 (flexão), respetivamente, foram atribuídos à estrutura do esqueleto de NGs. O espetro FTIR de mostrou picos semelhantes de NGs que mudaram após a formação de AuNPs. Em particular, a forte absorção a 3400 cm-1 de NGs, que representa a vibração de estiramento de O-H, diminuiu para 3295 cm-1 de Au, provavelmente devido à destruição parcial das ligações de hidrogénio, sugerindo o envolvimento dos grupos O-H na redução do ouro.

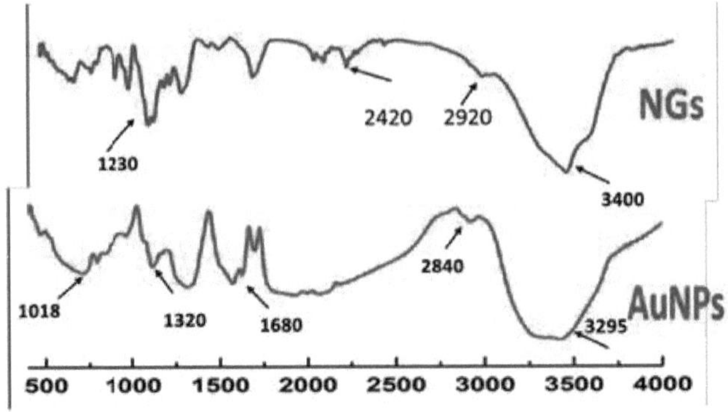

Figura 21: Espectros FTIR-ATR das NGs-s e AuNPs

2.1.4. Difração de raios X de AuNPs e NGs-s (XRD)

A estrutura cristalina das AuNPs foi confirmada por análise de difração de raios X (XRD). A Figura (22) mostra a XRD das NGs e AuNPs. Como esperado, não foram observados picos de difração específicos na solução de NGs de controlo, exceto um pico menor causado por NGs a 2θ% 30,2. No entanto, foram observados quatro picos de difração distintos nas soluções com AuNPs a 2θ%38,2, 44,4, 64,6 e 77,8, que foram atribuídos aos planos (111), (200), (220) e (311) das AuNPs, respetivamente. Estes picos indicam a reflexão de Bragg correspondente à estrutura cúbica de face centrada (fcc) do ouro metálico cristalino.

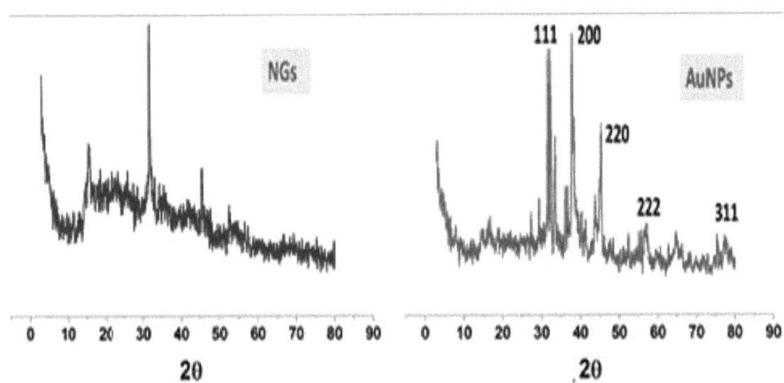

Figura 22: Padrões de XRD de NGs e AuNPs

2.1.5 Microscópio eletrónico de transmissão das AuNPs sintetizadas

Para confirmar os resultados obtidos através da espetroscopia de absorção UV-Vis, o tamanho das partículas das AuNPs foi também investigado utilizando o TEM, como mostra a figura (23), que é frequentemente utilizado para estudar a morfologia, o tamanho e a forma das nanopartículas. A partir da figura (23), as AuNPs foram preparadas com sucesso utilizando NGs com tamanho e forma esféricos e uniformes. Além disso, as AuNPs tinham uma distribuição de tamanho estreita com partículas polidispersas homogéneas de 10-20 nm. Foram registadas duas imagens de ampliação (escala de 10 e 100 nm) de TEM para a preparação de AuNPs para indicar a boa dispersão e estabilização das nanopartículas sintetizadas.

Além disso, como se pode ver na Figura (24), que ilustra os histogramas da distribuição do tamanho das partículas para as AuNPs através da manipulação de estatísticas sobre mais de 100 nanopartículas (na Figura (24), o histograma declara que as nanopartículas polidispersas têm um valor médio igual a 6 nm e um desvio padrão de ± 2,3 nm, enquanto os valores mínimo e máximo medidos são de 2 nm e 10 nm, respetivamente.

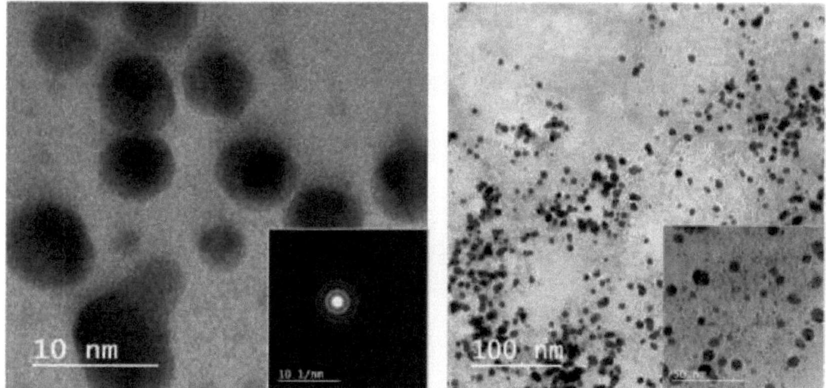

Figura 23: Microscópio eletrónico de transmissão de AuNPs

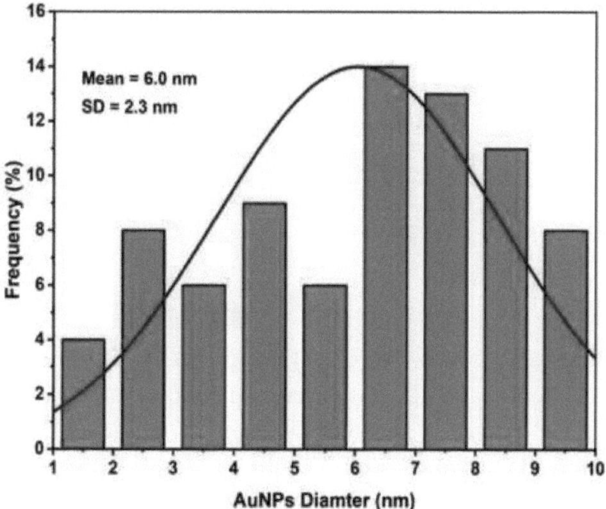

Figura 24: Distribuição do tamanho das AuNPs

2.1.6 Microscopia de força atómica (AFM) de nanopartículas de Au

Como se pode ver na figura (25), a morfologia e a rugosidade das NGs e AuNPs foram ilustradas no gráfico topográfico 2D e 3D. A espessura média medida normal à superfície da mica foi considerada quase idêntica para as duas morfologias.

A caraterização morfológica dos NGs e das AuNPs foi observada por análise AFM, como se mostra nas figuras 25 (A, B para os NGs e C, D para as AuNPs)

A topografia AFM dos NGs revela uma estrutura rígida, linear e semelhante a uma haste com uma altura de 15,99 nm.

Por outro lado, a AFM das AuNPs preparadas, em virtude da utilização de NGs como agente redutor e de capeamento, exibiu uma espessura elevada com um tamanho de partícula maior depositado na gama de 108 nm.

A figura (25) C, D mostra que as AuNPs se formaram de forma bem dispersa, homogénea e esférica.

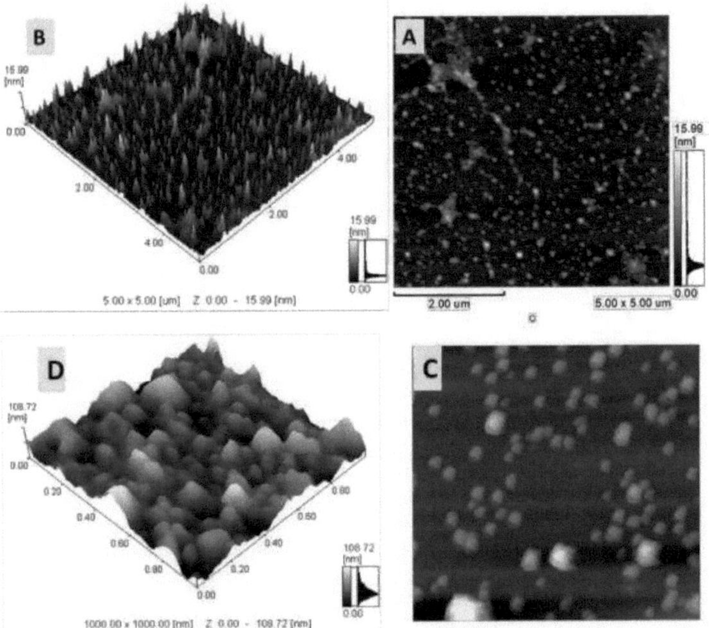

Figura 25: Imagens AFM de **NGs** {(A) topografia 2D, (B) micrografia 3D} e **AuNPs** {(C) topografia 2D, (D) micrografia 3D} com perfil de linha das superfícies.

2.2.1. Avaliação da atividade antimicrobiana das AuNPs

A atividade antimicrobiana in vitro de ambas as NG, das AuNPs, do beta-glucano padrão e do antibiótico padrão a 100 µg/ml foi determinada contra seis estirpes bacterianas patogénicas (3 Gram +ve e 3 Gram -ve) e quatro estirpes fúngicas através do ensaio de difusão em ágar, conforme representado nas figuras (26) e (27). Para comparação, **a Flucloxacilina** e **a Micostatina** foram utilizadas como fármacos antibacterianos e antifúngicos padrão, respetivamente.

De um modo geral, as NGs e as AuNPs exibiram vários graus de efeitos antagónicos contra os microrganismos testados, em comparação com o beta-glucano padrão e os antibióticos. Isto foi evidenciado pela clara zona de inibição.

A. Bactérias:

A Figura (26) declara obviamente que as AuNPs exibiram a maior atividade antibacteriana contra todas as seis bactérias patogénicas examinadas em comparação com as outras.

Após 24 h de incubação, o diâmetro da zona de inibição das AuNPs foi de 36 mm para *B. subtilis*, seguido de *S. enterica* com 35 mm. Depois, *B. cereus*, *E coli*, *St. aureus* e *P. aeruginosa* mostraram zona de inibição com diâmetro igual a 28,25,22,18 mm, respetivamente.

Além disso, as AuNPs mostraram uma atividade antibacteriana significativa quando comparadas com o antibiótico antibacteriano padrão **flucloxacilina**, que dá uma zona menos clara de todas as seis estirpes bacterianas do que no tratamento com AuNPs.

No entanto, os GN extraídos (GN-s e GN-o) mostraram atividade em comparação com o β-glucano padrão. NGs-s apresentou uma atividade razoável contra cinco estirpes bacterianas *B. cereus*, *S. enterica*, *B. subtilis* com zona de diâmetro de inibição 30, 25 e 20 respetivamente, e *St. aureus* e *P. aeruginosa* foram seguidas pela mesma zona de inibição igual (16 mm). enquanto NGs-o apresentou uma atividade menor contra apenas quatro estirpes bacterianas *B. subtilis*, *S. enterica*, *B. cereus* e *St. aureus* com zona de diâmetro menor do que NGs-s 24,23,20 e 13 mm, respetivamente.

A Figura (26) mostra também, obviamente, a análise ANOVA de duas vias, que analisa as diferenças estatísticas entre os tratamentos contra as estirpes bacterianas

Em geral, a forte diferença significativa (*** $p<0,001$) entre os compostos testados apareceu em estirpes bacterianas gram +ve do que gram -ve. No caso de *St. aureus* e *B. subtilis*, existe uma diferença altamente significativa entre AuNPs e NGs-s com um valor de $p<0,001$, enquanto *B. cereus* registou uma forte diferença significativa entre AuNPs, NGs-s, NGs-o e β-glucano padrão com um valor de $p<0,001$.

Por outro lado, as AuNPs têm uma diferença altamente significativa em relação às NGs-s, ao β-glucano padrão e à flucloxacilina contra a *S. enterica* e *a P. aeruginosa*, respetivamente, enquanto *a E. coli* não registou qualquer diferença significativa (ns. ;>0,05) entre as AuNPs e o antibiótico padrão. Além disso, foram claramente observadas na figura (26) diferenças moderadas (** p <0,01) e pouco significativas (* p <0,05) entre os compostos testados contra as estirpes bacterianas.

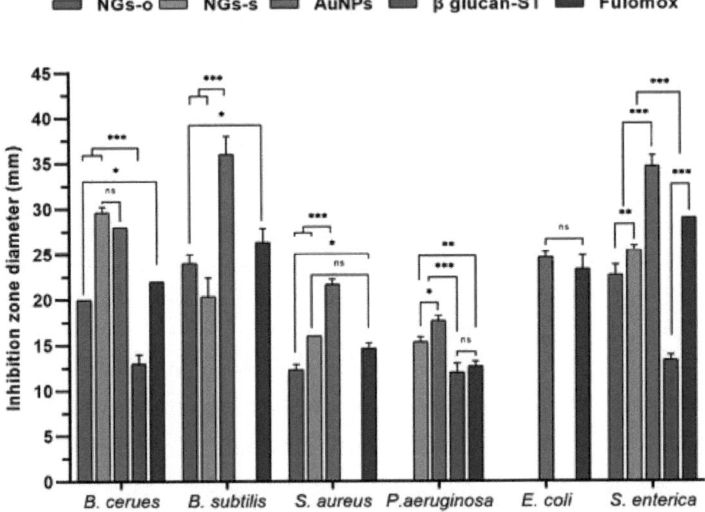

Figura 26: Efeito inibitório de NGs extraídos e AuNPs contra seis estirpes bacterianas comparado com o padrão β glucano e o antibacteriano Flucloxacilina. Os dados são representados pela diferença estatística significativa entre os compostos testados, (ns. ;>0,05) significa diferença não significativa, * p <0,05 (significância fraca), ** p <0,01 (significância moderada) e *** p <0,001 (diferença forte e alta significativa).

B. Fungos

Por outro lado, a maioria das espécies fúngicas foi inibida pela solução de AuNPs sintetizada a partir de NGs-s, que foi o extrato mais potente que mostrou um elevado efeito inibitório no crescimento da maioria dos fungos testados. *C. glabrata* foi considerado o fungo mais suscetível às AuNPs, com um diâmetro de zona de inibição de 21 mm, seguido de *C. albicans* e *P. expansum*, com 20 e 14 mm de zona de inibição do crescimento fúngico, respetivamente. Embora não tenha sido observada qualquer atividade relevante em *A. flavus* quando comparada com a figura antifúngica padrão da micostatina (27).

Para o tratamento com glucanos, o NGs-s mostrou atividade antifúngica contra *C. albicans* e *C. glabrata* com uma zona de inibição de diâmetro de 18 e 17 mm, respetivamente, enquanto o NGs-o afectou apenas o crescimento de *C. albicans* com uma zona de inibição de diâmetro de 15 mm. Por outro lado, os β-glucanos padrão não têm qualquer efeito em cada uma das estirpes de fungos

Em geral, como mostra a figura (27), ambos os tipos de Candida foram mais sensíveis à maioria dos extractos do que ambos os fungos filamentosos. Além disso, as AuNPs sintetizadas foram mais eficazes no controlo das bactérias e dos fungos do que as que não têm qualquer efeito em ambos os microrganismos.

A análise estatística dos dados apresentados foi mostrada na figura (27). A diferença entre os diferentes tratamentos mostrou uma maior significância contra as estirpes de Candida do que contra as estirpes filamentosas.

Por exemplo, as AuNPs esclareceram uma forte diferença significativa (*** p <0,001) com o extrato de NGs-s contra ambas as cepas de candida, enquanto a micostatina e NGs-s contra *C. glabrata* mostraram alta diferença significativa (*** p <0,001). Por outro lado, a diferença entre mycostatin e AuNPs foi fortemente significativa (*** p <0,001) contra P. *expansum.*

NGs-0 zzi NGs-s zzi AuNPs zzi ß glucano-ST Micostatina

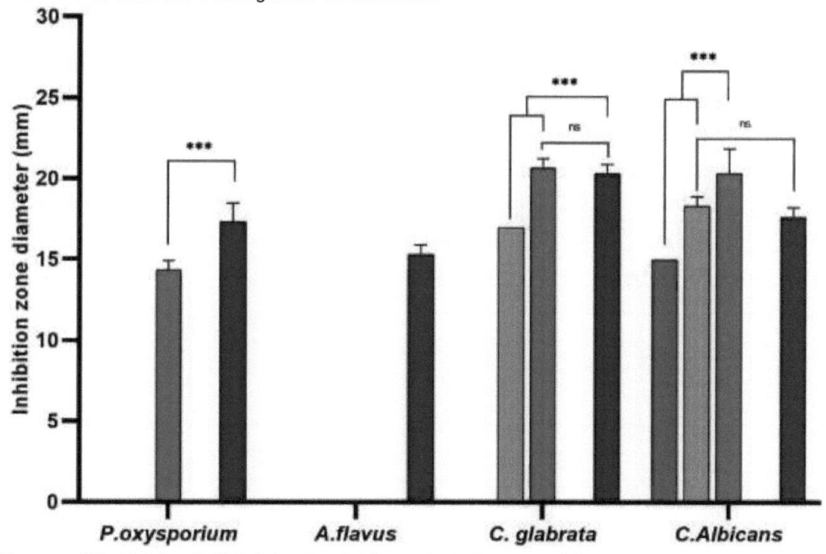

Figura 27: Efeito inibitório das NGs e AuNPs extraídas

contra determinadas estirpes de fungos, em comparação com ßglucano padrão e

antifúngico mycostatin, diferença estatística significativa entre compostos testados, (ns. ;>0,05) significa diferença não significativa, * p <0,05 (significância fraca), ** p <0,01 (significância moderada) e *** p <0,001 (diferença significativa forte).

2.2.2. Inibição inibitória mínima

A CIM foi definida como a concentração mais baixa dos agentes antibacterianos e antifúngicos que inibem o crescimento visual das bactérias, o que foi confirmado pela medição da densidade ótica utilizando um colorímetro.

Os resultados da CIM foram mostrados na tabela (3), indicando que os valores da CIM de NGs-s foram 60,40,60,30 ,30 µg/ml no caso de *St. aureus*, *S. enterica*, *P. aeruginosa B. subtilis* e *B. cereus*, respetivamente. Enquanto no caso de fungos, a CIM de NGs-s foi de 50,60 µg/ml no caso de duas estirpes de fungos *C. albicans* e *C. glabrata*, respetivamente.

Os valores de CIM de NGs-o foram registados contra *St. aureus*, *S. enterica*, *B. subtilis* e *B. cereus*, que atingem 80,60,20,30 µg/ml, respetivamente. O valor da CIM foi de 20 µg/ml para *C. albicans*.

Os valores de CIM para as AuNPs, como se mostra na tabela (3), contra certas estirpes bacterianas e fúngicas susceptíveis, verificou-se que os valores de CIM de *St. aureus*, *S. enterica*, *E. coli*, *P. aeruginosa, B. subtilis* e *B. cereus* eram de 20, 30, 40, 40, 20, 30, respetivamente. No caso das espécies fúngicas, os valores foram de 20,40 para *C. albicans* e *C. glabrata*, respetivamente.

Quadro 3: Determinação da CIM do antimicrobiano ativo compostos contra determinados microrganismos testados

Testado M.Os	CIM (pg/ml)			
	NGs-s	NGs-o	AuNPs	Medicamentos de referência
St. a u re us	60	80	20	60
S. enterica	40	60	30	20
E. coli	00	00	40	50
P. aeruginosa	60	00	40	30
B.subtilis	30	20	20	20
B. ce re us	30	30	30	40
C.Albicans	50	20	20	30
C.g labrata	60	00	40	20

2.2.3. Avaliação dos efeitos citotóxicos e da atividade antitumoral das NGs e AuNPs

As NGs extraídas e as AuNPs sintetizadas foram utilizadas para avaliar as suas actividades antitumorais em função da viabilidade celular em relação às células do carcinoma do cólon (HCT-116) e da mama (MCF7) em termos de toxicidade celular através do ensaio MTT durante 24 horas e, em seguida, foram comparadas com a citotoxicidade das morfologias celulares das células Vero normais, conforme claramente representado nas figuras (28-32).

Pode ver-se na figura (28) que ambos os GN não têm influência significativa nas células Vero normais humanas até 500 μg/L, o que causou uma grande redução da viabilidade celular de 96% e 94% para os GN-s e os GN-o. As imagens representadas na figura (29) indicam também a baixa ou nenhuma citotoxicidade dos GN para as células Vero normais humanas.

A citotoxicidade das AuNPs in vitro em células humanas normais foi testada e representada também nas figuras (28,29), que mostraram uma menor toxicidade em células normais por viabilidade que atingiu 80-85 % até 500 mg/ml, viabilidade celular a partir destes resultados foi aprovado que as nanopartículas de ouro são geralmente seguras e vários estudos de toxicidade avaliaram que a sua LC50 é suficientemente segura até 250 mg/ml.

Estes resultados sugerem que os extractos de NGs e as AuNPs não apresentaram quaisquer alterações significativas na morfologia e sobrevivência da linha celular normal Vero.

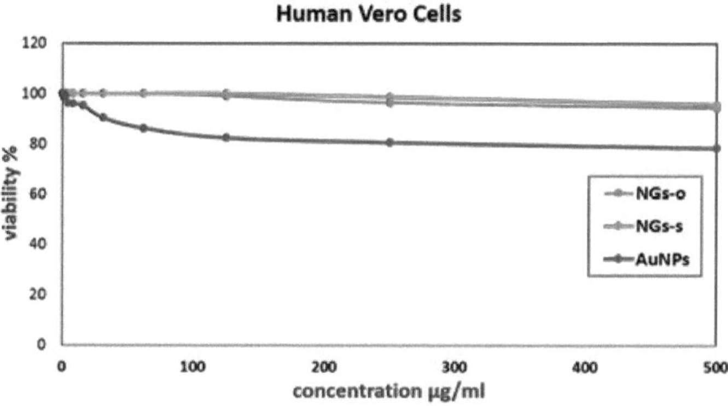

Figura 28: efeito citotóxico das AuNPs sintetizadas e das NGs extraídas em células Vero normais humanas

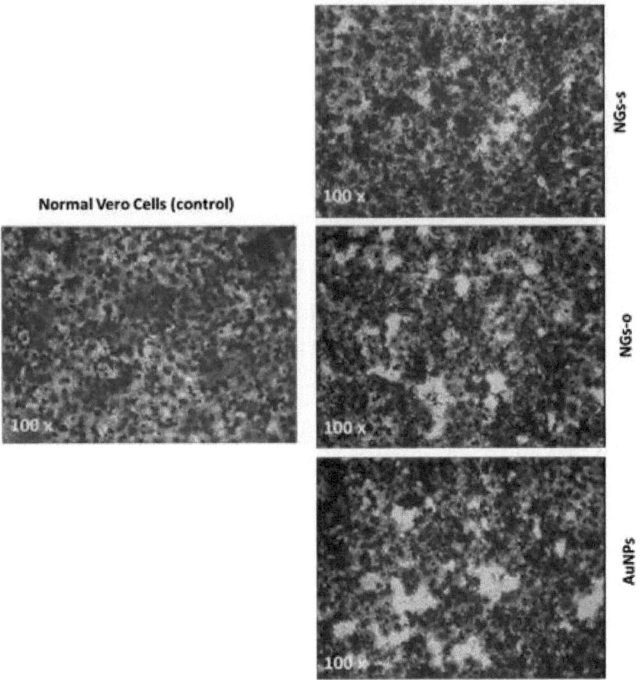

Figura 29: Secções de células normais tratadas com NGs e AuNPs (Ampliação: 100x)

Por outro lado, a atividade antitumoral dos três compostos testados contra duas linhas celulares de carcinoma (HCT116 e MCF7) em relação aos valores IC50 (a concentração que reduz metade das células de carcinoma).

As NGs e AuNPs mostraram uma atividade significativa contra as células HCT-116, o IC50 foi de 200, 125 e 85,3 μg/ml para NGs-o, NGs-s e AuNPs, respetivamente. Considerando que, no caso da atividade anti-cancro da mama (MCF7) com IC50 a 170, 156,6 e 15 μg/ml para NGs-o, NGs-s e AuNPs, respetivamente.

No entanto, a figura (30) mostrou uma diminuição obviamente acentuada da viabilidade celular do cólon pigmentado humano HCT116 até 20,5%, 18,9% e 10,8% para NGs-o, NGs-s e AuNPs, respetivamente. Por outro lado, os resultados obtidos a partir da figura (31) mostraram uma diminuição da viabilidade da MCF7 até 36,9%, 22,6% e 12,54% para NGs-o, NGs-s e AuNPs, respetivamente.

Além disso, a Figura (32) representa a morfologia celular de ambas as linhas celulares de carcinoma com tratamento com extractos de NGs e

AuNPs que induzem um efeito citotóxico, causando danos significativos ou a morte das células cancerígenas tratadas

Estes resultados confirmam que, apesar da dose elevada e segura de NGs e AuNPs para células Vero normais humanas até 500 µg/L, mostraram uma elevada anticarcinogenicidade em relação às células MCF7 da mama e HCT-116 do cólon em doses baixas e moderadas, como observado a partir de NGs-s (156,2 - 125 µg/ml), NGs-o (170 - 200 µg/ml) e AuNPs (15-85,3 µg/ml), geralmente AuNPs mostrou a maior atividade antitumoral contra duas linhas celulares utilizadas. Além disso, as NGs-s apresentaram uma atividade antitumoral mais elevada do que a observada nas NGs-o.

Finalmente, os resultados obtidos confirmam a atividade antitumoral das NGs e AuNPs com baixa ou nenhuma toxicidade para as células normais e pode ser bem tolerada pelos pacientes tratados com NGs.

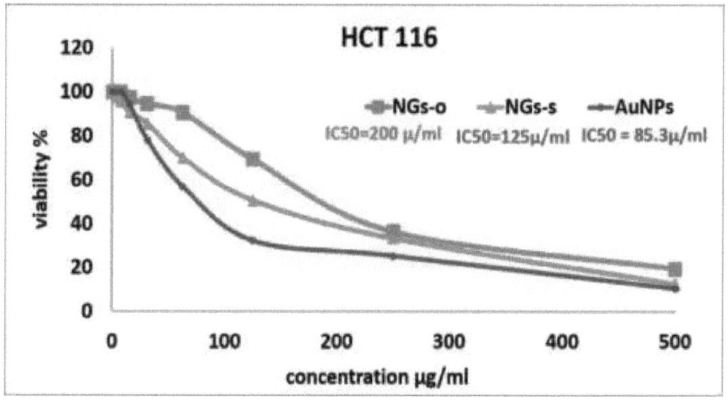

Figura 30: Viabilidade celular (atividade antitumoral) de NGs-s, NGs-o e AuNPs em humanHCT-116 (linha celular de carcinoma do cólon) Os valores IC50 estão incluídos

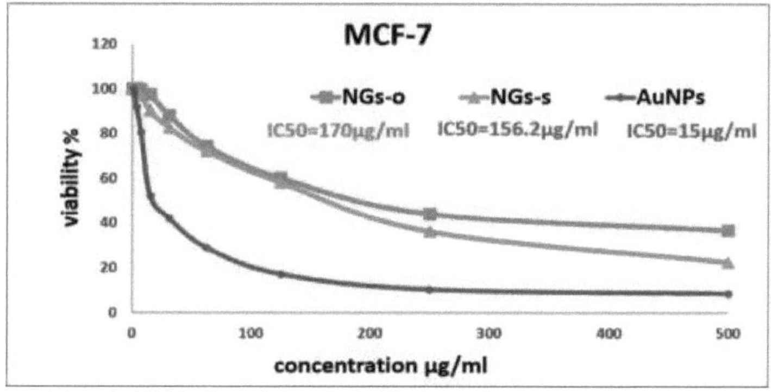

Figura 31: Viabilidade celular (atividade antitumoral) de NGs-s, NGs-o e

AuNPs em MCF7 humana (linha celular de carcinoma da mama) IC50 os valores estão incluídos

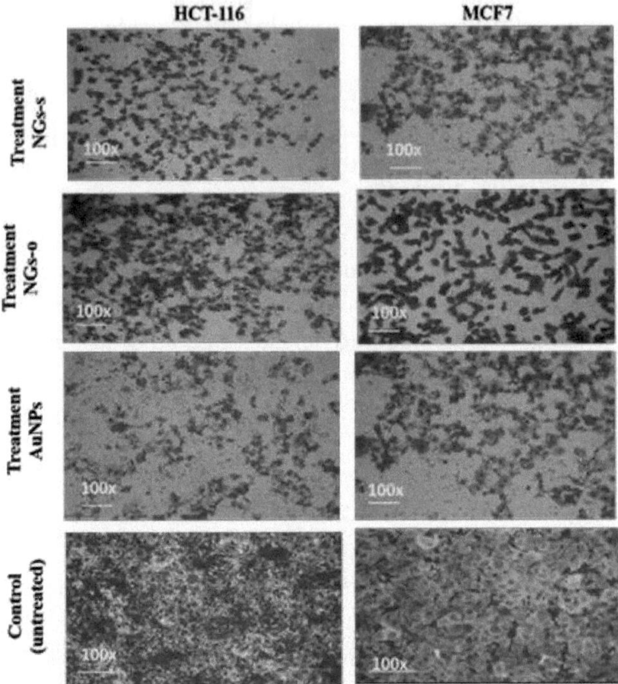

Figura 32: Secções de linhas de células cancerígenas HCT116 e MCF7 tratadas com NGs e AuNPs em comparação com células de carcinoma controladas e não tratadas (Ampliação: 100x)

3. <u>Preparação de hidrogel à base de (NGs-Cr)</u>

Os NGs-s extraídos do cogumelo shiitake foram utilizados na preparação de hidrogéis. O hidrogel híbrido foi sintetizado com base em NGs/Cr em duas etapas separadas, nomeadamente a gelificação de NGs por radiação gama 10 kg/y e a adição a uma solução de carragenina na presença de CaCl2 como reticulante. Os hidrogéis reticulados e liofilizados formaram discos cilíndricos, homogéneos e fáceis de manusear.

Durante a preparação dos hidrogéis reticulados, as condições de preparação foram variadas utilizando diferentes concentrações de NGs (0,0,5,1,2 g) e concentrações de CaCl2 (0,5, 1, 1,5, 2 %). A otimização foi conseguida através da investigação da ESR %, SEM e análise BET para os hidrogéis obtidos.

A figura (33) representa a imagem do hidrogel preparado sob diferentes concentrações de $CaCl_2$, enquanto o primeiro disco representa o hidrogel de carragenina apenas como referência.

Figura 33: Fotos digitais dos discos de hidrogéis preparados com base nas concentrações de reticulante ($CaCl_2$)

3.3.Determinação do rácio de inchamento de equilíbrio (ESR)

O inchaço é um parâmetro importante que mostra a capacidade dos hidrogéis poliméricos para absorver e reter água, e para exibir boas propriedades de libertação. O comportamento de inchamento dos hidrogéis foi monitorizado para determinar a capacidade de absorção de água do hidrogel quando colocado num ambiente aquoso.

No que diz respeito à utilização de hidrogéis em sistemas de administração de fármacos, foram investigadas as capacidades de dilatação dos compósitos de hidrogel NGs/Cr. Em geral, o rácio de dilatação de um compósito de hidrogel depende da densidade de reticulação da rede polimérica, da hidrofilicidade do polímero e também da sua concentração.

3.4.Efeito das concentrações de NGs na ESR dos hidrogéis de NGs/Cr

O efeito de diferentes concentrações de nanoglucano na ESR dos hidrogéis de NGs/Cr foi investigado e mostrado na figura (34).

A análise atenta dos resultados da figura 34 permite concluir que, ao aumentar a concentração de NGs até 2 g com uma relação 1:2 para a carragenina e NGs, respetivamente, o hidrogel atingiu o valor mais elevado de ESR de 40% após 24 horas à temperatura ambiente, em comparação com 18 % de carragenina.

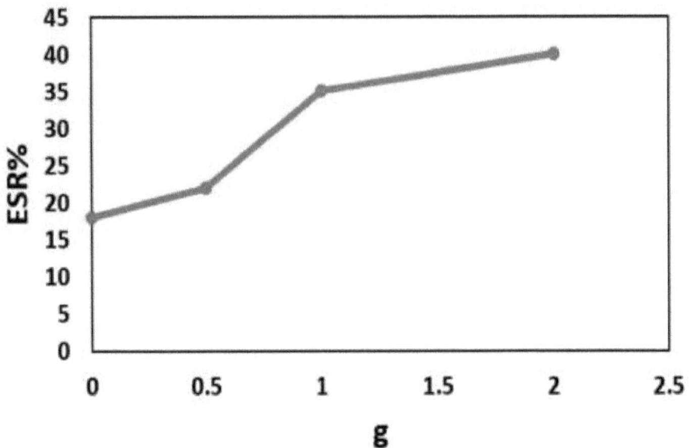

Figura 34: Efeito de diferentes concentrações de NGs na ESR dos hidrogéis preparados com NGs/Cr após 24 horas.

3.5. Efeito das concentrações de reticulante ($CaCl_2$)

O rácio de dilatação do hidrogel em questão foi estimado através da investigação do efeito das concentrações de reticulante na ESR mais elevada do hidrogel NGs/Cr. A Figura (35) revela o efeito das concentrações de reticulante no hidrogel preparado utilizando as proporções de alimentação de 0,5 - 2 % de CaCL Com base na concentração de reticulante, a ESR dos hidrogéis de NGs/Cr segue a ordem: 1,5 % > 2,0% > 1% > 0,5%, o que, logicamente, a maior concentração do reticulante encurtaria a distância entre os locais de reticulação, levando à diminuição do inchaço do hidrogel.

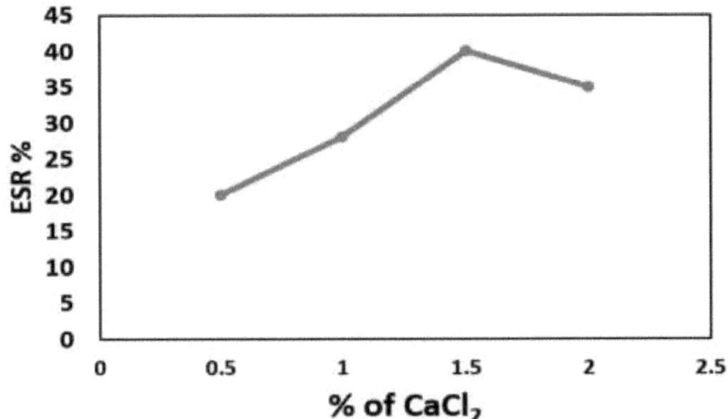

Figura 35: Efeito das concentrações de CaCl2 na ESR dos hidrogéis preparados com NGs/Cr após 24 horas.

3.6. Hidrogéis Fotografias e microscopia eletrónica de varrimento

As caraterísticas morfológicas dos hidrogéis de NGs/Cr sintetizados foram estudadas ao microscópio eletrónico através do exame da secção transversal dos hidrogéis inchados e secos. A Figura (36) apresenta as imagens SEM da secção transversal dos hidrogéis preparados com diferentes concentrações de reticulante.

A Figura 36 A mostra claramente que foi observada uma estrutura de porosidade compacta e irregular para o hidrogel de carragenina com um intervalo de tamanho de poro de 30-50 µm. Após a adição de NGs, os hidrogéis de NGs/Cr formados apresentavam poros lisos e homogéneos, no entanto, a interligação da rede foi particularmente melhorada com o aumento da concentração de reticulante, em que, a 0,5% de CaCl2, (Figura 36 B) existia uma fraca interligação com estrutura frouxa devido a uma fraca reticulação entre as cadeias de polímero com tamanho de poro de 120 - 238 µm. A uma concentração de 1,5% de CaCl2 (Figura 36 C), o hidrogel mostrou uma estrutura de rede homogénea e bem proporcionada com poros irregulares altamente ligados com um tamanho que varia entre 100 - 190 µm. Aumento adicional da concentração de CaCl2 (Figura 36 D) até
2%, existiam pontes curtas altamente ligadas com um tamanho de poro situado na gama de 85-120 µm, o que pressupõe a baixa flexibilidade da rede para se expandir e suportar a água. Isso leva a diminuir a capacidade de inchaço do hidrogel altamente reticulado. Notavelmente, essas evidências indicam que os hidrogéis atuais são caracterizados por um grande tamanho de poro. Além disso, os poros não têm uma forma esférica.

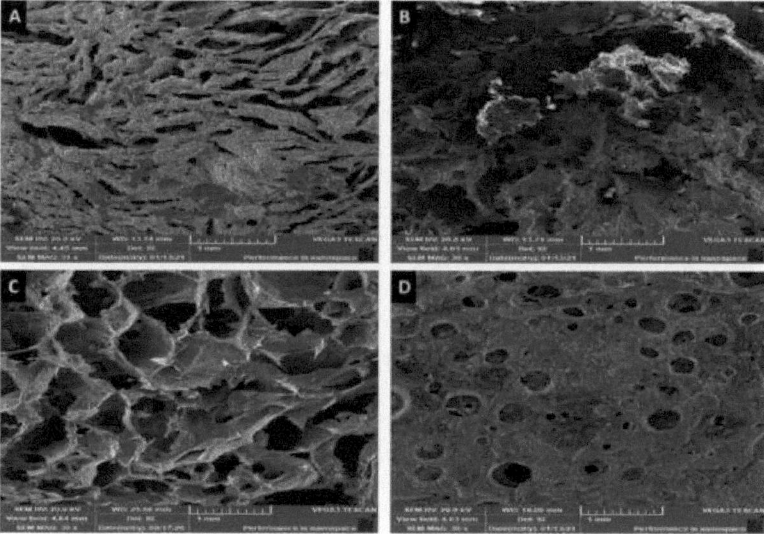

Figura 36: SEM de diferentes hidrogéis preparados em função de

CaCl2 (reticulador) **A-** representar apenas o carro **B-** NGs/Cr com 0,5% de CaCl2 **C-** NGs/Cr com 1,5% de CaCl2 e **D-** NGs/Cr com 2% de CaCl2

3.7. Análise BET

A Tabela 4 apresenta os resultados da análise BET efectuada nos compósitos de hidrogel liofilizados. Os dados técnicos foram apresentados com base na área de superfície específica, no diâmetro dos poros e no volume dos poros, respetivamente. A área de superfície específica e o volume total de poros do hidrogel de NGs/Cr com 1,5% de $CaCl_2$ foram de 5,674 m^2 /g e 4,984 cc/g, respetivamente, o que é significativamente mais do que os outros com diferentes % de reticulante. No entanto, foi obtido um diâmetro médio de poro próximo para CaCl2 de 1,5% e 2%, indicando um aumento marginal do diâmetro do poro com o aumento da concentração de reticulante.

Tabela 4: Análise Brunauer-Emmett-Teller (BET), Adsorção /modelo de isotérmica de dessorção e distribuição do tamanho dos poros

Compósitos de hidrogel **Análise BET**	Carro - hidrogel	NG-Cr 0,5%Cacl2	NG-Cr 1,5%Cacl2	NG-Cr 2%CaCl2
Superfície específica (m2/g)	3.145	3.625	5.674	5.214
Volume total de poros (cc/g)	4.215	4.321	4.984	4.211
Diâmetro médio dos poros (nm)	2.36	5.214	6.842	6.921

3.8. Espectroscopia de infravermelhos com transformada de Fourier (FT-IR)

A análise espetral de FTIR para o hidrogel de NGs/Cr foi medida como se mostra na Figura (37) para detetar a alteração das suas estruturas químicas. Os GNs exibiram as bandas de absorção espetral, caracterizadas para a macromolécula nanoglucana, a 3400, 2920 e 1230 cm^{-1} correspondentes à estrutura do esqueleto dos GNs, conforme discutido anteriormente. O espetro FTIR da κ-carragenina mostra as bandas caraterísticas a 1214 cm^{-1} ,1157 cm^{-1} e 928, correspondentes ao sulfato de carragenina C-O-SO3, ponte C-o, e ésteres de sulfato O=S=O ligados ao anel 3,6-glucano. A carragenina reticulada apresentou uma diminuição da intensidade do pico a 3400 cm^{-1} para 3278 cm^{-1} devido à reação dos grupos hidroxilo dos GN durante a reticulação com a carragenina.

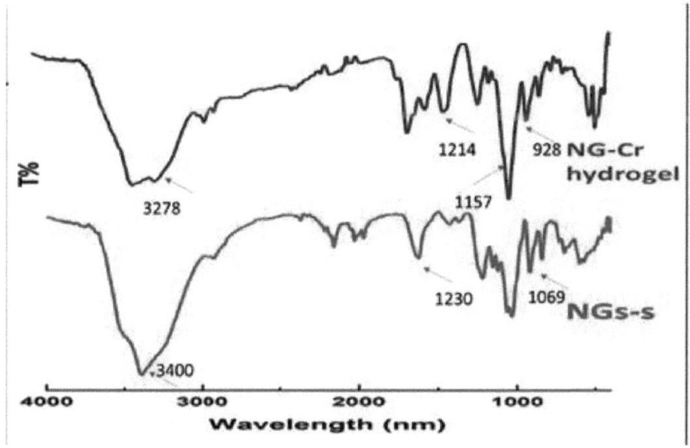

Comprimento de onda (mm)

Figura 37: FTIR do hidrogel de NGs-s e NGs/Cr

3.9.Hidrogel de NGs/Cr reativo ao pH Medições do inchaço

A Figura (38) mostra o comportamento de inchamento dos hidrogéis a diferentes pH (2-11) durante os 30 minutos iniciais. Os resultados indicam claramente que, independentemente do pH aplicado, a ESR dos hidrogéis após 24 h à temperatura ambiente aumentou gradualmente com o aumento do tempo de contacto em que colapsaram em solução. No entanto, o rácio de inchamento dos hidrogéis examinados aumentou com a utilização de um meio alcalino do que ácido. O rácio de ESR seguiu a ordem relativa ao pH 11>9>7>5>2, em que a percentagem de ESR atingiu 55, 45, 41, 25 e 18%, respetivamente. A afinidade de inchaço do hidrogel foi influenciada principalmente pelo equilíbrio de protonação e ionização do grupo hidroxilo.

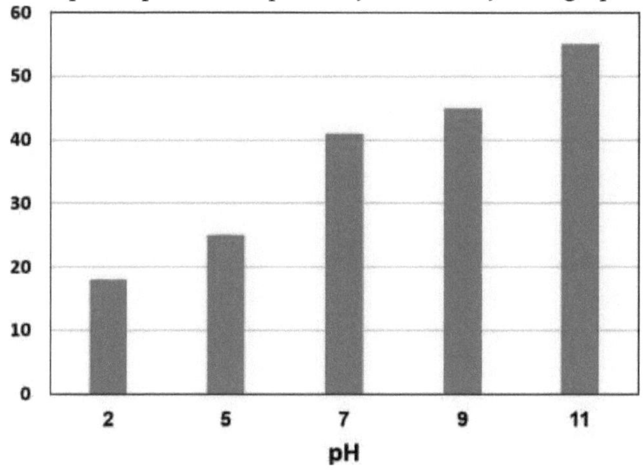

Figura 38: Rácio de inchamento do hidrogel NGs/Cr a diferentes pH

4. Aplicações do hidrogel de NGs/Cr

4.3. Carregamento e libertação de fármacos a partir de hidrogéis sensíveis ao pH

As AuNPs foram avaliadas como um modelo de libertação de fármaco do hidrogel reativo NGs/Cr utilizando um espetrofotómetro UV-Vis, em que a solução de NPs (livre) apresentou um pico de absorvância a 530 nm.

A curva de calibração das AuNPs foi preparada em DIW a 530 nm, como se mostra na Figura (39). O hidrogel de NG/Cr seco foi mergulhado numa solução aquosa de AuNPs (5mg/ml) durante 24 h. A libertação do fármaco foi determinada colocando-o em dois pH diferentes (2 e 10) utilizando uma solução salina tampão. Os perfis de libertação de AuNPs como modelo de fármaco dos hidrogéis de NGs foram investigados como se mostra na Figura (40). O fármaco foi libertado de forma consistente do hidrogel de NGs/Cr, atingindo 80% aproximadamente aos 90 minutos em pH ácido 2. No entanto, a libertação de AuNPs foi comparativamente elevada nos primeiros 30 minutos. É também digno de nota que o fármaco é libertado por difusão através do hidrogel de NG/Cr. Por outro lado, o perfil de libertação das AuNPs a pH 10 foi completamente diferente do de pH 2.

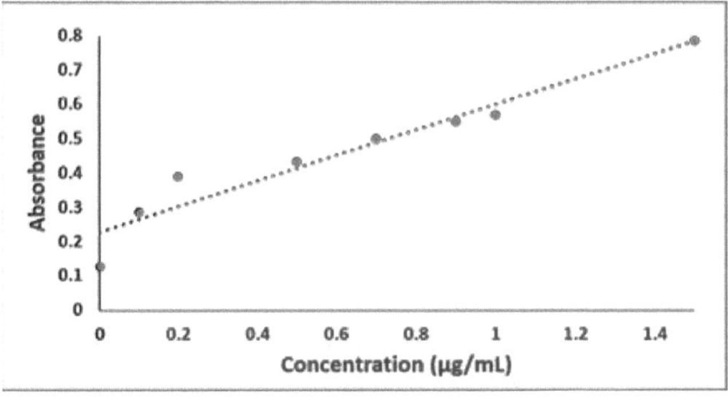

Figura 39: Curva de calibração das AuNPs a 530 nm

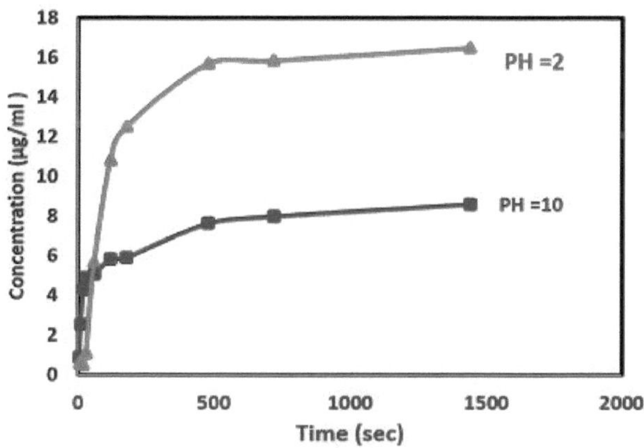

Figura 40: Perfis de libertação do fármaco do hidrogel NGs/Cr carregado com AuNPs como fármaco modelo em diferentes pH (2&10) a 37 °C durante 24 h

4.1.1 MEV do fármaco modelo carregado no hidrogel reativo ao pH NGs/Cr

A análise SEM revelou as morfologias da microestrutura do hidrogel liofilizado após o carregamento de AuNPs na Figura (41). A imagem mostrou uma estrutura contínua e porosa, sugerindo que o nosso tratamento (processo de carregamento) não altera a estrutura do hidrogel.

O estudo da morfologia da superfície foi realizado utilizando SEM para detetar o padrão de reticulação da fórmula selecionada. A Figura (41) mostra que as AuNPs tinham uma rede tridimensional bem organizada e uma forte estrutura de reticulação.

Além disso, a partir das fotografias dos hidrogéis na Figura (41), é mostrado que. O estudo da morfologia mostrou que os hidrogéis NGs/Cr possuíam estruturas porosas que permitiam que as AuNPs se dispersassem uniformemente neles.

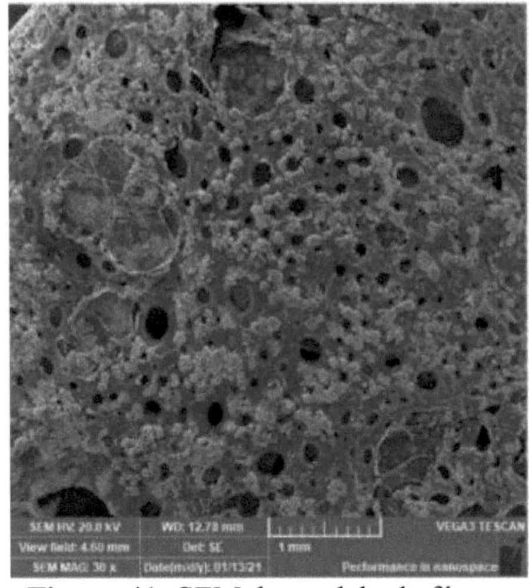
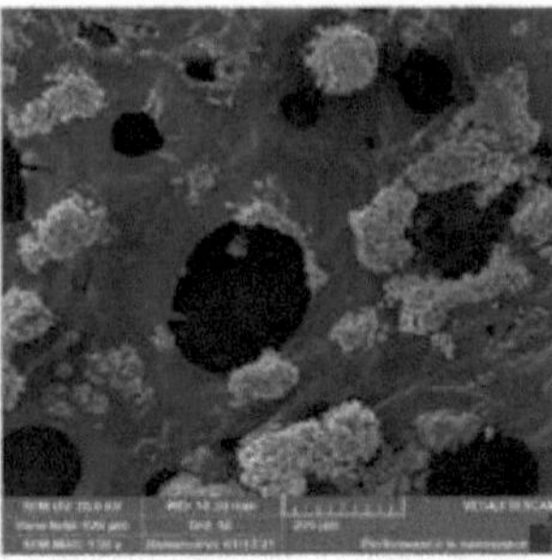

Figura 41: SEM do modelo de fármaco carregado (AuNPs) em hidrogel

4.4. Avaliação *in vivo* dos hidrogéis Modelos de cicatrização de feridas por excisão (atividade de cicatrização de feridas)

A atividade de cicatrização de feridas e o estudo histológico da inspeção visual entre grupos revelaram que o processo de cicatrização de todos os grupos tratados progrediu satisfatoriamente. Todos os ratos sobreviveram durante todo o período de estudo até ao sacrifício. Experiências com animais foram usadas para avaliar a eficiência e a viabilidade do uso do hidrogel de NGs/Cr e das AuNPs carregadas no curativo de NGs/Cr na promoção da cicatrização de feridas em comparação com o controle negativo e positivo. Como mostrado na Figura (42), a cicatrização da ferida foi examinada 0, 2, 4, 6 e 10 dias após a operação.

A cicatrização macroscópica (fotos digitais) de cada ferida foi mostrada na Figura (42). Foram utilizados diferentes pensos para cobrir a ferida e o diâmetro de cicatrização (área da ferida) foi medido e representado na figura (43), bem como uma percentagem de redução relativa do tamanho da ferida (%) também calculada e mostrada na figura (44), todos os dados anteriores foram determinados por análise estatística.

Inicialmente, as feridas no grupo de controlo (penso sem qualquer tratamento) estavam inflamadas e húmidas durante o período de tempo periódico. A cicatrização das feridas tratadas com controlo positivo (penso de iodo) foi mais lenta do que as tratadas com hidrogel NGs/Cr e penso de gel carregado com Au NPs. As Figuras (42 e 43) representaram a área do diâmetro dentro do tempo de cicatrização periódica usando diferentes tratamentos de curativos e fotos digitais de uma ferida cutânea. O diâmetro da área inicial da ferida foi contraído de 1,5 cm para 0,2, 0,5, 0,6, 0,9 cm para hidrogel carregado com AuNPs, NG/Cr, iodo e curativo de controle negativo, respetivamente.

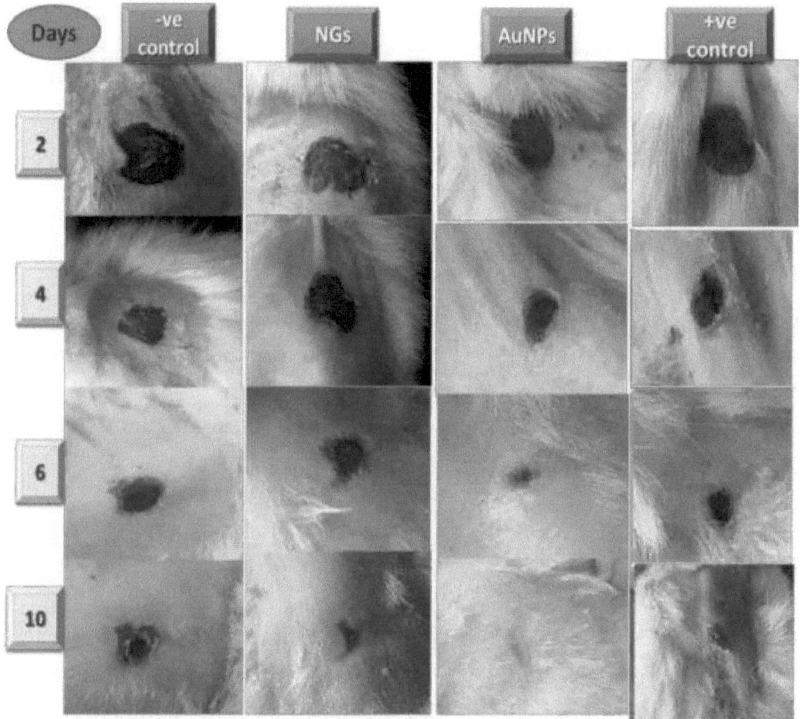

Figura 42: Representação fotográfica da cicatrização de feridas em ratos submetidos a feridas de excisão da pele, em diferentes dias (2, 4, 6, 10 dias) após o tratamento com diferentes pensos

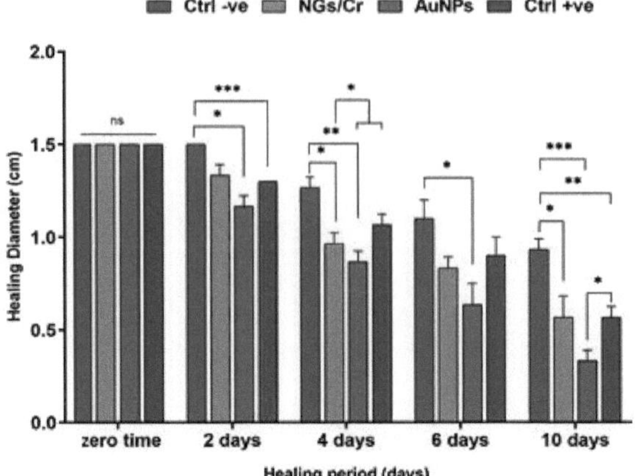

Figura 43: área de cicatrização de feridas com diâmetro (cm) dentro do período de tempo (zero, 2, 4, 6, 10 dias) usando diferentes tratamentos para a cicatrização da pele, Dados representados pela diferença estatística significativa entre os compostos testados, (ns. ;>0,05) significa diferença não significativa, *p <0,05 (significância fraca), **p <0,01 (significância moderada) e *** p <0,001 (diferença forte e alta significativa).

Além disso, a porcentagem da área da ferida a cada dia foi calculada dividindo-se o tamanho da ferida em cada ponto de tempo pela área da ferida no dia 1. Assim, os resultados mostraram na figura (44) que o hidrogel carregado com AuNPs melhorou significativamente a cicatrização da ferida em comparação com o hidrogel NG/Cr, o curativo de iodo (como controle positivo) e o curativo de controle negativo, respetivamente. Após 10 dias, a percentagem de redução do tamanho da ferida foi de 86, 67, 65,4%, para os grupos tratados com os pensos carregados com AuNPs, NGs/Cr e solução de iodo, respetivamente, em comparação com 35,5% para o grupo de controlo (penso sem tratamento).

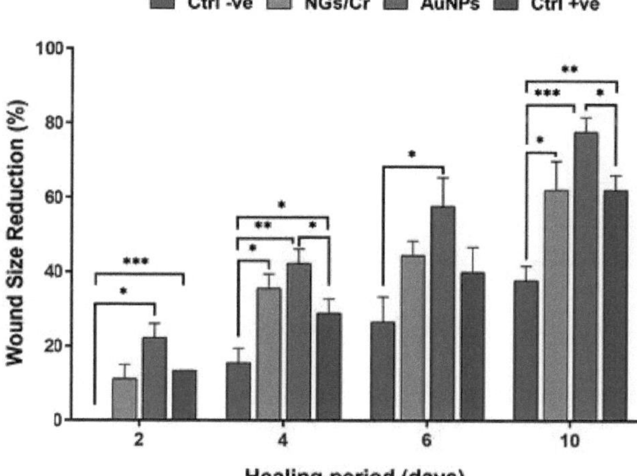

Figura 44: Redução relativa do tamanho da ferida (%) dos diferentes tratamentos através da cicatrização da ferida aos 2, 4, 6 e 10 dias, Dados representados pela diferença estatística significativa entre os tratamentos testados (ns. ;>0,05) significa diferença não significativa, * p <0,05 (significância fraca), ** p <0,01 (significância moderada) e *** p <0,001 (significância forte).

4.4.1. Análise histológica

Na análise histológica, as feridas (Figuras 45-48) foram
avaliada após 10 dias da ferida, com base no comprimento e na espessura da superfície reepitelizada. A cicatrização de feridas é caracterizada, entre outros factores, pela hemostasia, reepitelização e remodelação da matriz extracelular. A epitelização, que é o processo de renovação epitelial após a lesão, envolve a proliferação e migração de células epiteliais para o centro da ferida.

1- Penso de controlo negativo:

Conforme apresentado na figura (45 A) que mostra o bordo da ferida aberta com tecido de granulação escasso composto por fibroblastos em excesso (seta preta) e fibras de colagénio espessas (seta azul) e epiderme sobrejacente necrótica (seta vermelha) (X 400), outra imagem (45 B) que mostra a área da ferida aberta (seta preta) com tecido de granulação escasso (seta azul) e perda completa da epiderme sobrejacente (seta vermelha) (X 200). A pele neste caso de controlo negativo do penso apresentava uma área coberta por epiderme ulcerada e necrótica com cicatrização incompleta após 10 dias.

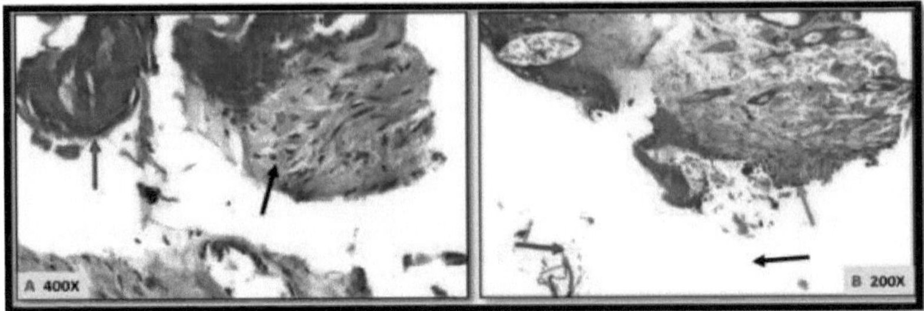

Figura 45: fotomicrografia de uma secção de pele de rato após 10 dias de ferimento sem qualquer tratamento (controlo) -ve controlo

2- Penso com solução de iodo (controlo +ve)

A partir da figura (46), a pele mostrava uma área de pele saudável e uma área de ferida ulcerada e crosta necrótica, com cicatriz subjacente composta por fibroblastos mais na derme profunda e excesso de fibras de colagénio espessas, pequenas áreas de hemorragia e músculos marcadamente edematosos

Imagem (A) que mostra uma área de cicatriz composta por poucos fibroblastos (seta preta) e excesso de fibras de colagénio espessas (seta azul), e coberta por uma crosta necrótica (seta amarela) (X 200), enquanto a imagem (B) mostra uma área de cicatriz composta por poucos fibroblastos (seta preta) com fibras de colagénio espessas (seta azul) e uma pequena área de hemorragia (seta amarela) (X 400)

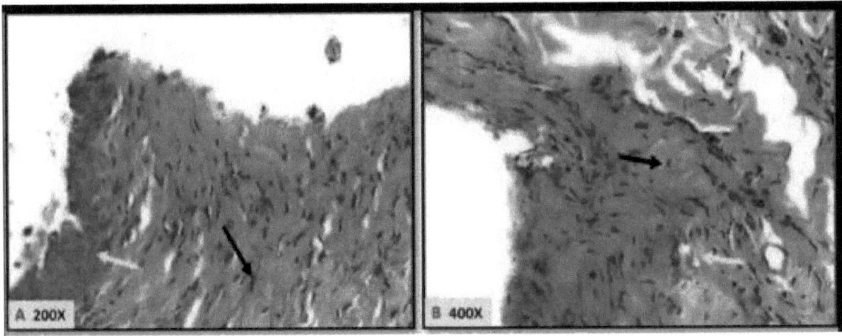

Figura 46: fotomicrografia de uma secção da pele de um rato após 10 dias de ferida tratada com um penso de solução de iodo atuar como controlo +ve **3- penso de hidrogel NGs/Cr**

Como se mostra na figura (47) Secções de pele que cicatrizaram com o penso NGs/Cr, a pele apresentava uma área de pele saudável e uma área de tecido cicatricial composta por excesso de fibroblastos e fibras de colagénio espessas, infiltrado inflamatório disperso e pequenas áreas de hemorragia, e coberta por epiderme intacta epitelizada e queratinizada

A fotografia A nesta figura (47) mostra uma área de tecido cicatricial composta por fibroblastos em excesso (seta preta) e fibras de colagénio espessas (seta azul), e coberta por epitelização intacta (seta verde) e epiderme queratinizada (seta vermelha) (X 200)

Outra vista (foto B) na derme profunda mostrando área de tecido cicatricial com excesso de fibroblastos (seta preta), infiltrado inflamatório disperso (seta vermelha) e pequenas áreas de hemorragia (seta azul) (X 400).

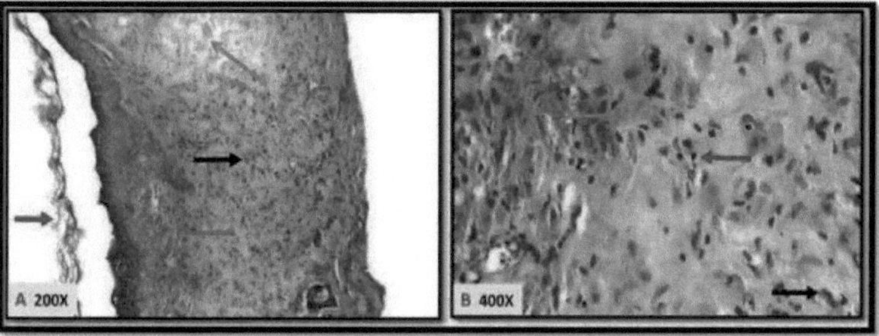

Figura 47: fotomicrografia de uma secção de pele de rato após 10 dias de ferida com hidrogel de NGs/Cr

4- AuNPs carregadas em pensos de NGs/Cr:

De acordo com a figura (48), a pele apresentava uma área de pele saudável e uma área de ferida completamente cicatrizada com cicatriz composta por excesso de colagénio e poucos fibroblastos, coberta por epiderme intacta epitelizada e queratinizada

Na figura (48) Uma vista na derme superior mostrando na foto A tecido cicatricial composto por fibras de colagénio finas (seta preta) e excesso de fibroblastos (seta azul), e coberto por epiderme epitelizada intacta (seta vermelha) (X 400).

Outra vista mostrando a área de tecido cicatricial composta de fibroblastos em excesso (seta preta) e coberta por epitelização intacta (seta azul) e epiderme queratinizada (seta vermelha) (X 200) quando curada com AuNPs carregadas em curativo de hidrogel de NGs/Cr, que mostrou uma cicatrização ideal e excelente da pele em determinado tempo do que outro tratamento.

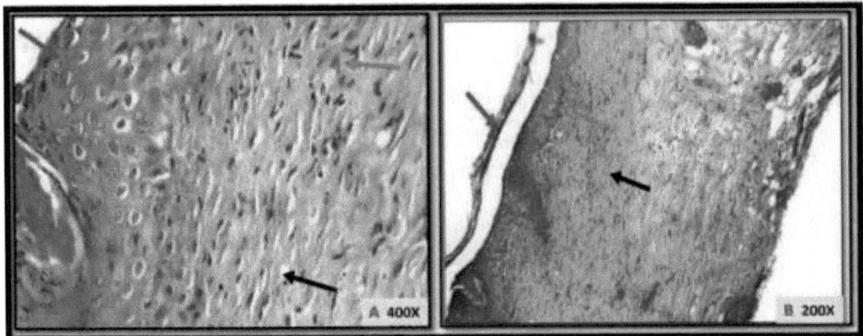

Figura 48: fotomicrografia de uma secção de pele de rato após 10 dias de ferida pisada com um penso de hidrogel de NGs/Cr carregado com AuNPs.

6 Discussão

O estudo teve como objetivo desenvolver um método novo e rápido para extrair nanoglucano diretamente de cogumelos medicinais comestíveis para várias aplicações médicas. Foram utilizadas duas espécies diferentes de cogumelos para otimizar a procura durante a preparação do nanoglucano, comparando as suas propriedades físicas e químicas com as ferramentas de análise mundiais, tais como LC-MS, 1HNMR, FTIR, espetroscopia UV, tamanho de partículas, SEM e TEM.

Os métodos clássicos de extração de β-glucanos de cogumelos requerem uma combinação de pelo menos duas das rotas de extração, como ácido alcalino, micro-ondas, ultrassônico, enzima, água quente e/ou água subcrítica **(Morales et al., 2019b)**.

O elevado peso molecular do β-glucano causou alguns problemas, como a elevada viscosidade e a baixa permeabilidade à célula. No entanto, o polissacárido de baixo peso molecular parece desempenhar um papel importante na exploração de antioxidantes naturais na indústria alimentar e farmacêutica. O peso molecular do β-glucano está estritamente associado também ao seu efeito fisiológico **(Lei et al., 2015)**. Tendo em conta o recente desenvolvimento da nanotecnologia, que leva à manipulação do tamanho dos biomateriais à nanoescala, conhecida como bio-nano- ou nano-biotecnologia. Este desenvolvimento melhora as propriedades intrínsecas dos biomateriais, o que resulta do aumento da sua área de superfície em relação ao rácio de volume, diminuindo o seu tamanho para menos de 100 nm **(Salem et al., 2021; Emam & Shaheen, 2022)**.

Atualmente, as biomoléculas e os bio-organismos estão a ser preferidos para a síntese de nanopartículas de biopolímeros devido à sua compatibilidade com o ambiente **(Su et al., 2020b; Somkuwar et al., 2022)**.

Alguns estudos relataram a preparação de nanoglucanos a partir dos β-glucanos extraídos, independentemente das suas fontes.

Soares et al., 2018 relataram que, a combinação de uma base forte NaOH (5%) e ácido forte HCL (para neutralização), a extração poderia produzir alta qualidade de beta glucanos. Os NGs foram obtidos por dissolução de β-glucano em NaOH sob condições controladas e alta temperatura 100° C.

Parthasarthy et al., (2021) investigaram a extração de β-Glucano solúvel em água de algas marinhas (*Gracilaria corticate)* para a síntese de NGs dissolvendo o β-Glucano extraído em NaOH em condições óptimas **(Parthasarathy et al., 2021)**.

O ensaio de pureza e rendimento dos GN extraídos demonstrou que o rendimento do conteúdo de GN do cogumelo *lentinula edodeos* era superior ao do cogumelo *Pleurotus ostreatus*. O rendimento de β-glucanos fúngicos varia consideravelmente consoante a espécie, o ambiente de crescimento e a maturidade do corpo de frutificação. Assim, o teor de rendimento médio mais elevado destes glucanos foi observado em diferentes aplicações medicinais, o que aponta para a possibilidade de utilização destas espécies de cogumelos como alimentos medicinais **(Miroñczuk et al., 2017; Khan et al., 2020a)**.

Os GN produzidos foram caracterizados utilizando ferramentas mundiais (LC Mass, ^{1} H NMR, FTIR, espetroscopia UV-vis, tamanho de partícula e potencial Zeta, SEM e TEM) para investigar as suas propriedades químicas, propriedades morfológicas e tamanho de partícula. Seguem-se as principais caracterizações utilizadas durante este estudo.

A espetroscopia LC-MS tornou-se recentemente uma ferramenta analítica essencial na investigação biomédica. A LC-MS fornece análises qualitativas e quantitativas de uma variedade de biomoléculas de uma forma de alto rendimento, e tem havido um progresso significativo na investigação de biossistemas e na descoberta de biomarcadores utilizando LC-MS **(Lei et al., 2015)**.

Nossos resultados mostraram que, tanto NGs-o quanto NGs-s compartilharam os quatro picos principais ocorridos na absorbância máxima do β-glucano padrão em RT 10,23, 11,6, 12,3 e 13,4 min, o que é consistente com os trabalhos anteriores **(Mohd Jami, 2014; Siddiqui et al., 2019)**. Esses resultados afirmaram a extração bem-sucedida de NGs de cogumelos com alta pureza, comparando os principais picos de NGs-s e NGs-o com o glucano padrão. A pureza deste último atingiu aproximadamente 94% e 91,5%, respetivamente.

A estrutura química de ambos os GN extraídos também pode ser prevista por sinais de RMN de 1H, que foram atribuídos ao β-glucano e aos GN e atribuídos à ligação β-1, 6. O sinal^{1} H a 3,39 é atribuído ao H-6 não ligado do glucano. O sinal a (δ ~ 2-5) ppm foi caracterizado para o protão alifático -OH como R-OH e os sinais anoméricos a (δ ~ 3,5-3,8) ppm também foram pronunciados para o protão R-O-CH3, o que confirma a formação de GN. Os NGs resultantes estavam de acordo com os sinais do composto semelhante relatado na literatura **(Parthasarathy et al., 2021)**

Além disso, os espectros de RMN^{1} H de ambas as fracções de GN mostraram os sinais anoméricos entre (δ ~ 1,2 - 5,4 ppm), confirmando a estrutura dos β-glucanos de acordo com as conclusões de **(Ahmad et al., 2020)**. Todos os espectros mostraram três sinais principais nos espectros atribuídos a ligações (1 -6)-ß-glicosídicas **(Kao et al., 2012)**. As atribuições de RMN observadas são muito semelhantes às relatadas na literatura atual **(Zielke et al., 2018;**

Silva et al., 2022).

[1]Os espectros de RMN de H demonstraram a predominância de ß-glucano (1-6) na constituição do material isolado do cogumelo. Como muitos estudos têm demonstrado que os β-glucanos estão envolvidos em atividades farmacológicas de polissacarídeos isolados de cogumelos **(Hanashima et al.,2014; Silva et al., 2022)**

A espetroscopia FT-IR é uma técnica valiosa para a caraterização estrutural de exo-polissacáridos e pode ser utilizada para analisar glucanos de várias fontes de cogumelos e fungos devido à sua sensibilidade à posição e configuração anomérica das ligações glicosídicas nos glucanos **(Ahmad et al., 2020)**

Foram identificadas bandas caraterísticas de glicosídeos nas amostras isoladas de ambos os tipos de glucanos, a determinação do ajuste da curva e da área da banda foi anteriormente utilizada para a análise da parede celular de cogumelos **(Alzorqi et al., 2017)**.

Os picos de absorção específicos de ambos os GNs corresponderam à presença de configuração β na região anomérica, indicando que as ligações glicosídicas do tipo β, grupo hidroxilo OH, C-H (estiramento) e CH2 (curva), estas caraterísticas têm acordo com os resultados de **(Ahmad et al., 2020)**.

Os espectros UV-Visível de ambos os GN foram também detectados para confirmar os picos de ressonância plasmónica de superfície (SPR) dos GN extraídos, que mostraram uma forte e a formação de GN pelo pico a 280 nm utilizando a espetroscopia UV-vis.

Estes resultados são consistentes com os trabalhos anteriormente relatados que demonstraram a existência de pico de absorção de β-glucano na gama de comprimento de onda 250-300 nm, que é um pico caraterístico de β-glucanos **(Morales, et al., 2019).** Além disso, os espectros UV-vis mostraram um pico na faixa de 280 nm, indicando a formação bem-sucedida de Nanoglucanos **(Lee et al., 2019; Parthasarathy et al., 2021)**.

O potencial zeta foi medido para detetar as cargas adquiridas pelos GN. O alto valor do potencial zeta indica a alta força repulsiva que evita que as partículas se agreguem ou se aglomerem em tamanhos maiores, o que é reconhecido como fator estabilizador **(Ashraf et al., 2021)**.

O tamanho médio dos GN extraídos, determinado por Zeta-sizer, situa-se na gama de 50-100 nm. No entanto, os NGs-s apresentaram um tamanho mais pequeno, de ~60 nm, do que o registado para os NGs-o, que foi de ~89 nm. **O potencial zeta** das soluções de NGs de ambos os tipos foi medido. No nosso estudo, o potencial zeta do NGs-s foi registado como uma carga negativa elevada de cerca de -20,8 mV, que é superior ao do NGs-o (-16,5 mV). Isto refere-se à elevada estabilidade do NGs-s.

Anusuya & Sathiyabama, (2014) referiram que o diâmetro hidrostático dos GN extraídos da alga marinha *Gracilaria corticate* foi avaliado por DLS, confirmando que o tamanho das partículas se situava na gama de 89 nm com uma distribuição de tamanho estreita. Além disso, o potencial zeta foi registado como -22,7 mV, o que sugere a elevada estabilidade dos GNs de algas marinhas. Estas conclusões estão em conformidade com os nossos resultados actuais. Em geral, o alto valor absoluto do potencial zeta indica baixa capacidade das partículas de se agregarem no sistema aquoso sob interações eletrostáticas **(Soares et al., 2018)**.

Por outro lado, o tamanho, a forma, a morfologia e a distribuição das nanopartículas foram obviamente observados visualmente utilizando SEM e TEM.

No presente estudo, as imagens SEM de NGs-s mostraram partículas esféricas, lisas e quase homogéneas com estrutura porosa, enquanto as NGs-o apareceram como formas geométricas irregulares com grandes aglomerados agregados heterogeneamente. Os GN agregados podem ser atribuídos à natureza dos polissacáridos que tendem a acumular-se em aglomerados após secagem e deposição na forma sólida. No entanto, a re-dispersão em água, por exemplo, pode ajudar a sua força repulsiva e, assim, leva à re-dispersão como pequenas partículas **(Shaheen & Emam, 2018)**. Estas ligeiras variedades de forma e homogeneidade podem ser atribuídas à fonte de glucano, o que está de acordo com os resultados anteriormente mencionados por **(Anusuya & Sathiyabama, 2014)**. No entanto, **Parthasarathy et al., (2021)** sugeriram que a heterogeneidade do β-glucano extraído de cogumelos causada por agregados poderia ser uma razão para isso, juntamente com o elevado carácter polidisperso do β-glucano de cogumelos. Além disso, os agregados muito densos e em forma de esfera, que podem ajudar a compreender melhor o complexo comportamento de solução das fibras dietéticas. **Anusuya & Sathiyabama, (2014)** relataram a micrografia SEM de NGs de algas marinhas, revelando a forma circular e a superfície lisa.

Semelhante ao nosso presente estudo, **Zielke et al.,(2018)** extraíram β-glucano com agregados inchados vagamente dispostos de mal e manifestou uma estrutura esférica relativamente densa. Além disso, o β-glucano da aveia também mostrou agregados que consistem em agregados inchados mais frouxamente dispostos com maiores quantidades de água presas na estrutura agregada, como esperado para um micro gel de acordo com **(Vasanthan & Temelli, 2008;Zielke et al., 2018)**.

Além disso, o TEM de NGs, em questão, mostrou estruturas altamente polidispersas e frouxamente agregadas, especialmente NGs-s que tinham uma forma de agulha com bordas afiadas. Além disso, os pequenos tamanhos dos GN extraídos com polidispersão referem-se exatamente ao papel dos extractos de cogumelos tratados com álcalis **(Chiu et al., 2014; Novakovic et al., 2018)**.

Parthasarathy et al., (2021) declararam que as micrografias TEM manifestaram as partículas finas de NGs de tamanho uniforme com um tamanho médio de 20±5nm. Os NGs eram coloidais, de forma circular, com uma superfície lisa e durável por um longo período.

Atualmente, o β-glucano tem sido aproveitado em aplicações médicas e alimentares. Destas aplicações, a síntese de nanopartículas como as nanopartículas de Ag, Au e ZnO ganhou uma grande notoriedade devido às suas utilizações médicas **(Suganya et al., 2017)**.

Entre as nanopartículas metálicas, as AuNPs tornaram-se proeminentes pelas suas diversas aplicações, especialmente para bio-imagem, bio-sensorização, administração de medicamentos, etc., explorando as suas propriedades únicas **(Amina & Guo, 2020)**. As AuNPs têm ganho cada vez mais interesse devido às suas propriedades únicas de morfologia controlável e dispersão de tamanho

(Zakaria et al., 2013), menor toxicidade e facilidade de síntese e deteção **(Dreanca et al., 2021)**.

Foram investigados vários métodos de preparação, tais como físicos, químicos e biológicos, para sintetizar nanopartículas de metais ou de óxidos metálicos **(Rhim & Kanmani, 2015)**.

A maioria das rotas para a síntese de nanopartículas metálicas envolveu a utilização de agentes redutores químicos como borohidreto de sódio, N,N-dimetil formamida, citrato tri-sódico ou outros compostos orgânicos **(Sen et al., 2013)**. Todos estes agentes redutores apresentam um risco ambiental potencial, uma vez que estão associados a toxicidade química e perigos biológicos. Nas últimas duas décadas, muitas tentativas foram feitas com o objetivo de eliminar ou minimizar totalmente os resíduos e implementar processos sustentáveis através da adoção da química verde **(Gunti et al., 2019)**. A síntese de nanopartículas em solução polimérica é uma forma ideal devido à sua melhor solubilidade, não toxicidade, fácil processamento e compatibilidade **(Rhim & Kanmani, 2015)**. As nanopartículas estabilizadas com biomacromoléculas são especialmente interessantes devido às suas potenciais actividades biológicas e excelentes biocompatibilidades **(Ndugire et al., 2021)**.

Até agora, uma ampla gama de materiais biológicos foi introduzida para a biossíntese de AuNPs, incluindo gomas, proteínas e quitosana, amido, curdlan e glucano **(Meng et al., 2018)**. Os polissacarídeos são matérias-primas sintéticas verdes ideais para melhorar a biocompatibilidade das nanopartículas metálicas **(Jia et al., 2020)**. O passo inicial na síntese de AuNPs envolve a redução de iões de ouro (Au^{3+}) a átomos neutros (Au^{o}) com um forte agente redutor **(Das et al., 2012)**.

No presente estudo, **as NGs** foram utilizadas na síntese de AuNPs utilizando a assistência de micro-ondas para acelerar a taxa de reação. Os NGs desempenharam o duplo papel de agente estabilizador (capping) e redutor na preparação de AuNPs, onde os NGs tratados com álcali (NaOH) facilitam a liberação de elétrons da união glicosídica para reduzir o Au^{+3} para Au^{o} como visto pela mudança na cor da solução de amarelo dourado para violeta para cor rosa **(Ngo et al., 2015)**.

Meng et al., (2018) relataram que o lentinan, um ß-glucano helicoidal triplo do cogumelo *Lentinus edodes*, que atua como um agente dispersante para estabilizar AuNPs e nanopartículas de selênio (SeNPs) em água com alta estabilidade **(Meng et al., 2018)**. Além disso, a estrutura helicoidal tripla do shiitake glucano pode ser convertida numa estrutura de cadeia única (desnaturalização) quando submetida a um tratamento a alta temperatura. A cadeia única pode ser subsequentemente renaturada na hélice tripla, diminuindo a temperatura. As AuNPs podem ser aprisionadas no centro helicoidal relativamente hidrofóbico reformado/renaturado do Lentinan com nanosizes ajustáveis **(Jia et al., 2020)**.

Atualmente, a Food and Drug Administration (FDA) aprovou vários produtos à base de β-glucano com aplicações em saúde e alimentos **(Hernandez et al., 2019)** . Apesar desses atributos positivos, poucos relatos que descrevem a síntese de AuNPs usando β-glucanos estão disponíveis. Este processo pode ser possivelmente devido à alta quantidade de grupos hidroxila (-OH) expostos na superfície do β-glucano. Além disso, devido à sua natureza e composição química, o β-glucano mais AuNPs devem ser compostos não tóxicos e seguros em células vivas no modelo de camundongo **(Takahashi et al., 2001; Hernandez et al., 2019)**.

A utilização da irradiação de micro-ondas (MWI) no nosso estudo é considerada uma tecnologia altamente eficaz e é amplamente utilizada na síntese de nanopartículas, uma vez que tem um processo de aquecimento mais homogéneo e pode acelerar a taxa de reação em ordens de grandeza em comparação com o aquecimento convencional, devido ao seu aquecimento volumétrico geralmente simples e rápido e ao consequente aumento dramático da taxa de reação. As suas aplicações na preparação de materiais de dimensão nanométrica foram relatadas por **(Jia et al., 2013; Ashraf et al., 2020)**.

A partir dos resultados actuais, a preparação de AuNPs foi optimizada através da utilização de espetroscopia UV-vis. Um aumento na concentração de HAuCl4 durante a síntese produz AuNPs individuais e bem dispersas. As AuNPs obtidas exibiram uma condição óptima a conc.0,4 mM HAuCl4 com um pico de alta intensidade no SPR de λ max= 533 nm. Ao aumentar o tempo de micro-ondas até 60 segundos, a intensidade dos picos aumentou drasticamente em direção a uma elevada absorvância em λ max = 530 nm.

Além disso, a presença de uma única banda SPR infere a presença de nanopartículas de ouro esféricas **(Narayanan et al., 2015).** Aspeto de bandas SPR no comprimento de onda 500-560 nm confirmou a formação bem sucedida de AuNPs. Ao aumentar as concentrações de HAucl4, a intensidade da absorvância aumentou, o que poderia ser atribuído ao aumento da formação de AuNPs, afirmando a alta capacidade de redução e estabilização de NGs-s, também aumentando o tempo de micro-ondas, a intensidade da absorvância aumentou, caso contrário, em ambas as condições, o pico de absorvância acentuado que ocorreu em alta concentração é responsável por nanopartículas densas que existiam com tamanho pequeno consistente **(Ngo et al., 2015)**.

De acordo com nossos resultados, geralmente, as AuNPs são conhecidas por exibir picos SPR caraterísticos na faixa de 520-550 nm **(Rhim & Kanmani, 2015)**. Assim como, os resultados obtidos foram muito semelhantes com o trabalho publicado que mostra um pico de absorção de AuNPs sintetizados pelo método de redução de citrato mentiu em 521 nm em um tamanho de 12,04 ± 1,35 **(Ngo et al., 2015)**.

Isto indica que os iões Au^{+3} foram reduzidos a Au^{o} por NGs formando AuNPs. Uma vez que os beta glucanos contêm açúcar redutor e grupos hidroxilo livres que podem atuar como agente redutor do ião metálico. **(Dreanca et al., 2021)**.

A agregação das AuNPs pode ser evitada modificando sua superfície com ligantes e/ou polímeros biocompatíveis, que são ancorados na superfície das NPs por adsorção química ou física **(Meng et al., 2018)**. Nos presentes resultados, o tamanho de partícula indicado para AuNPs foi colocado na faixa principal de 25,2 nm com valor potencial zeta de -32 mV formado a partir da solução de NGs. O forte potencial zeta negativo refere-se à alta estabilidade das AuNPs formadas em virtude de sua cobertura com grupos hidroxila de moléculas de NGs que, por sua vez, envolvem as partículas. Certamente, estas cargas negativas impedem a aglomeração através da força de repulsão eléctrica gerada entre moléculas de cargas negativas semelhantes. Este fenómeno de repulsão eléctrica causa provavelmente a estabilização das partículas na sua solução coloidal **(Irshad et al., 2020)**. Como pode ser visto nos resultados actuais, o valor dos potenciais zeta das AuNPs preparadas foi de ~ -32 mV. Além disso, o valor negativo do potencial zeta assinado para isso, AuNPs foram cercados por NGs carregados negativamente como um agente redutor e de cobertura levou a aumentar a estabilidade dos AuNPs formados **(Abdul-Hadi et al., 2020)**.

Ao contrário de outros polímeros, os polissacáridos esféricos e hiper ramificados, como os β-glucanos, não só fornecem locais de reação para a formação de nanopartículas, como também protegem as nanopartículas numa estrutura de concha com excelente dispersão em água **Silva et al., 2012; Chen et al., 2014a)**.

De acordo com os dados de FTIR que relataram a banda que aparece entre 2800 e 3500 cm^{-1} corresponde ao estiramento das ligações O-H de forma semelhante ao estudo anterior da estrutura do β-glucano **(Leô et al.,2013)**. Os presentes resultados do espetro FTIR também mostraram picos semelhantes de NGs que mudaram após a formação de AuNPs. Notavelmente, a forte absorção a 3400 cm^{-1} de NGs que representa a vibração de estiramento de O-H diminuiu para 3295 cm^{-1} de AuNPs, provavelmente devido à destruição parcial de ligações de hidrogénio, sugerindo o envolvimento dos grupos O-H na redução de ouro como discutido por **(Sunkari et al., 2017)**.

Todos os perfis FTIR de produtos NGs e AuNPs confirmaram a pureza de suas estruturas. Os picos inteiros vieram em total conformidade com o perfil de β-glucano e AuNPs sintetizados que ilustrados por **(Sen et al., 2013 ;Ngo et al., 2015)**. Esses achados foram apoiados por alguns relatórios anteriores que avaliaram o perfil dos produtos NGs e AuNPs confirmaram a pureza de sua estrutura s. Os picos apareceram nas figuras de resultados atuais representavam estrutura típica e redução de ouro **(Sunkari et al., 2017; Jabir et al., 2018)**.

Além disso, os resultados dos padrões de XRD mostraram os picos de difração dos NGs e AuNPs. Os picos correspondiam a $2\theta = 23{,}08$ °, 34,5 ° e 45,2 °, que eram planos de natureza cristalina dos NGs e estavam de acordo com os relatórios anteriores sobre polissacarídeos **(Parthasarathy et al., 2021)**. Estas análises actuais de XRD confirmaram também a estrutura cristalina dos GN, de acordo com trabalhos anteriores de **(Anusuya & Sathiyabama, 2014)**

Além disso, o padrão XRD das AuNPs liofilizadas mostrou que os picos de difração estavam localizados a $2\theta = 38{,}55°$ (111), 44,90° (200), 65,07° (220),

77,86° (311) e 81,86° (222), que foram atribuídos à estrutura fcc das AuNPs. Portanto, as AuNPs foram sintetizadas com sucesso e imobilizadas pelos NGs, o resultado indica que a amostra é composta de ouro cristalino revelou a natureza cristalina das nanopartículas **(Meng et al., 2018)**.

Nossas descobertas para dados de XRD também estão de acordo com relatórios semelhantes de **(Parida et al., 2011)** e **(Sunkari et al., 2017)** que relataram três picos, existem alguns picos não identificados que apareceram no padrão XRD. Os picos caraterísticos correspondentes a (111), (200), (220) de Au estão localizados em 2Θ = 38,29 °, 44,43 ° e 64,68 °, respetivamente **(Das et al., 2012 ;Sunkari et al., 2017)**.

A partir dos resultados do TEM, as AuNPs formadas eram esféricas, uniformes em tamanho e forma. Além disso, as AuNPs tinham uma distribuição de tamanho estreita com partículas polidispersas homogéneas de 10-20 nm. Também encontrámos a mesma ordem de tamanho de partícula observada por **(Shervani & Yamamoto, 2011)**.

Das et al., (2012) sintetizaram AuNPs com ß-glucano 5% (v/v) contra 1 mM de solução aquosa de $HAuCl_4$, a maioria parecia ter uma forma esférica com poucas morfologias triangulares na micrografia TEM.

Na mesma abordagem de nossos métodos, **Shah & Zheng, (2019)** descobriram que manter uma distribuição uniforme de temperatura reduz significativamente a distribuição de nanopartículas. Além disso, sabe-se que as radiações de micro-ondas podem penetrar na solução de reação com diferentes comprimentos de onda para aquecer toda a solução de forma rápida e uniforme.

Um dos factores essenciais para o êxito das estruturas morfológicas das NPs sintetizadas é o estudo AFM, que consiste na capacidade de a amostra aderir ao substrato, realizado através da calibração da sonda AFM e de todas as experiências relevantes em meio fluido. É utilizado para obter a morfologia da superfície, a presença de duas fases diferentes, a rugosidade da superfície e a espessura das películas finas **(Zakaria et al., 2013)**.

O AFM é bastante diferente dos outros microscópios porque não forma uma imagem incidindo a luz ou os electrões numa superfície, como acontece com o microscópio ótico ou eletrónico. Um AFM "apalpa" fisicamente a superfície da amostra (fazendo passar uma sonda sobre a superfície da amostra) com uma ponta afiada, construindo um mapa da altura da superfície da amostra **(Kulkarni et al., 2022)**.

AFM no presente estudo foi usado para caraterizar as caraterísticas topográficas da superfície composta de AuNPs em comparação com NGs. Em nosso presente estudo, descobrimos que, com a adição de AuNPs na matriz, mudanças significativas (aumento na altura da superfície e rugosidade da superfície) são observadas semelhantes ao estudo anterior **(Sarkar et al., 2021)**. AuNPs no substrato NGs é que a superfície foi densamente coberta como mostrado em estudos anteriores **(Sletmoen et al., 2005; Rutherford et al., 2015)**. Os resultados atuais mostraram que um uniforme,

A camada de nanopartículas de ouro bem dispersa e esférica formada na superfície da mica permitiu uma maior mobilidade do reagente e uma cobertura de superfície mais completa nas partículas de NGs **(Meng et al., 2018; Kulkarni et al., 2022)**.

Muitos investigadores relataram que a administração de β-glucano natural tem potenciais propriedades antimicrobianas contra agentes patogénicos virais, bacterianos, parasitários e fúngicos e aumenta as citocinas, monócitos e neutrófilos **(Parthasarathy et al., 2021)**.

Foi referido que as partículas de β-glucano globulares e de tamanho mais pequeno têm uma ativação imunitária mais forte e, por conseguinte, uma maior capacidade de resistência às doenças **(Udayangani et al., 2017)**. As experiências confirmaram que as nanopartículas tinham bons efeitos antimicrobianos em bactérias Gram-negativas e Gram-positivas padrão e em certos isolados fúngicos em comparação com antibióticos comerciais.

Nossos resultados tiveram uma série de semelhanças com **Su et al., (2020a)** que relataram que AuNPs mostraram alta atividade antibacteriana contra três cepas bacterianas, incluindo *Salmonella typhimurium, Bacillus cereus* e *Staphylococcus aureus*. Além disso, **Murphin et al.,(2017)** conseguiram a síntese verde de AuNPs cubóides dispersas usando algas. Um teste antibacteriano mostrou que as nanopartículas de ouro sintetizadas tinham certo potencial para patógenos humanos, *E. coli* e *Staphylococcus aureus*. Foi também referido que os caules da planta medicinal *Tinospora cordifolia* foram utilizados para sintetizar AuNPs e foi também estudado o efeito das AuNPs no biofilme de *Pseudomonas aeruginosa*. Os resultados mostraram que as AuNPs sintéticas verdes podem ser utilizadas como nano-antibióticos eficazes para combater infecções relacionadas com o biofilme causadas por *Pseudomonas aeruginosa* **(Su et al., 2020a)**.

É digno de nota que as AuNPs revestidas com biopolímeros como o quitosano, o etilenoglicol quitosano, o poli(ácido Y-glutâmico) e o betaglucano apresentaram uma elevada atividade catalítica e uma forte atividade antibacteriana sem toxicidade **(Wang et al., 2020)**.

Suganya et al., (2017) relataram que a grande área de superfície da nanopartícula aumenta as suas interações com os micróbios para realizar actividades antimicrobianas de largo espetro, sendo as AuNPs utilizadas para tratar doenças como a varíola, úlceras cutâneas e sarampo nos tempos antigos. O mecanismo funcional das AuNPs actua sobre a membrana celular bacteriana, resultando na perda de integridade e no aumento da permeabilidade da parede celular e na estimulação da produção de ROS, causando danos nos ácidos nucleicos bacterianos **(Jabir et al., 2018)**.

Estudos posteriores mostraram que as AuNPs romperam a estrutura das membranas celulares bacterianas, causando a fuga do conteúdo celular e levando à morte bacteriana. No entanto, em concentrações elevadas, as AuNPs não têm toxicidade significativa para as células primárias humanas, pelo que se espera que o agente antibacteriano seja utilizado no tratamento clínico **(Zhao et al., 2010; Su et al., 2020a)**. **Li et al., (2014)** relataram que as AuNPs funcionalizadas catiónicas e hidrofóbicas podem inibir eficazmente o crescimento de 11 isolados clínicos de MDR, incluindo bactérias Gram-negativas e Gram-positivas, para resistência a longo prazo a bactérias MDR (a questão-chave nos cuidados de saúde), fornecendo uma estratégia promissora **(Li et al., 2014)**.

Wang et al., (2015) discutiram que uma vez que as AuNPs entram no corpo, são expostas a moléculas biológicas e proteínas que são facilmente adsorvidas na superfície da nanopartícula reduzindo a sua energia livre de superfície e levando a várias respostas celulares, incluindo o stress oxidativo, processos inflamatórios e apoptose celular.

Além disso, para a atividade antifúngica, **M et al., (2019)** relataram que as AuNPs sintetizadas sobre o modelo de amido foram bem-sucedidas na inibição do crescimento de *Candida albicans*. O MIC foi encontrado para ser 0,5 mM, que foi simultâneo com o ensaio pontual.

Além disso, **Pragathiswaran et al., (2020)** estudaram o teste de suscetibilidade antifúngica das diferentes concentrações de nanocompósitos ZnO-Au contra *C. albicans*. A maior atividade antifúngica foi encontrada contra *C. albicans* com zona de inibição de 2 mm a 100 µg\mL. De acordo com esta literatura, ele discutiu que, a geração excessiva de espécies reativas de oxigênio (ROS) é o mecanismo antifúngico predominante de nanopartículas à base de metal, resultando na degradação da parede celular, DNA, RNA e proteínas intracelulares **(Alsamhary et al., 2020)**.

Estudos recentes demonstraram que as NPs, como as AgNPs, AuNPs e ZnO NPs, não só possuem uma excelente capacidade antibacteriana, como também são refractárias ao desenvolvimento de resistência aos antibióticos **(Zou et al., 2022), (2021)** usaram nanopartículas de ouro como transportador para drogas sensíveis ao som (ciprofloxacina), as nanopartículas de ouro aumentaram significativamente o efeito bacteriostático da ciprofloxacina e do

ultrassom em *E. coli* **(Su et al., 2020a)**. Além disso, **Kalita et al.** relataram um híbrido antibacteriano eficiente preparado pela funcionalização da superfície de nanoclusters de ouro com tampa de lisozima com antibiótico β-lactâmico ampicilina. O híbrido preparado não só produziu
MRSA resistente à ampicilina, mas também mostrou uma maior atividade antibacteriana contra estirpes bacterianas não resistentes **(Kalita et al., 2018)**. Alguns estudos mostraram que a combinação de AuNPs, cefotaxima e ciprofloxacina tem um efeito em todas as bactérias *Salmonella*. As AuNPs destroem a homeostase dos catiões, enquanto os antibióticos convencionais promovem a acumulação de espécies reactivas de oxigénio, o que leva à morte das células bacterianas. Este processo também induz a apoptose das células *de Salmonella* **(Lee & Lee, 2019; Zou et al., 2022)**.

As NPs são exploradas na biologia do cancro (o que dá origem a uma disciplina distinta, a nanoncologia) para diagnosticar e tratar os cancros humanos. A divisão descontrolada das células e a sua disseminação para os tecidos circundantes conduzem ao cancro ou à malignidade das células, e todos os anos cerca de 8,2 milhões de mortes são devidas a diferentes tipos de cancros, sendo uma das principais causas de morte a nível mundial. As mortes causadas pelo cancro a nível mundial continuarão a aumentar; estima-se que, em 2030, atingirão cerca de 13,1 milhões de mortes, o que representa um aumento de cerca de 70% **(Nayak et al., 2021)**.

Foi referido que os polissacáridos como os beta-glucanos obtidos a partir de cogumelos já demonstraram o seu potencial para modular caraterísticas relacionadas com a malignidade em modelos de cancro, reduzindo a proliferação celular, induzindo citotoxicidade selectiva, prejudicando a migração e a metástase e diminuindo o crescimento do tumor **(Zavadinack et al., 2021)**.

Os resultados actuais mostraram uma elevada atividade antitumoral das NGs e das AuNPs contra duas linhas celulares de carcinoma HCT116 e MCF7, com menor toxicidade para as células normais, através de uma viabilidade que atingiu 96 e 85% para as NGs e AuNPs, respetivamente.

Parthasarathy et al., (2021) destacaram que a síntese de NGs se desenvolveu como um método fácil para prevenir o cancro e as doenças infecciosas, que é altamente eficaz e barato no campo biológico **(Parthasarathy et al., 2021)**. Ele também provou e indicou os nossos resultados através do ensaio antitumoral da inibição selectiva das linhas celulares MCF-7 e HCT116 por NGs. Assim, os NGs são utilizados como um medicamento alternativo promissor contra o cancro da mama e do cólon humano **(Parthasarathy et al., 2021)**

Além disso, **Meng et al., (2018)** provaram que 1-3 ,1-6 β-glucanos isolados de certos cogumelos comestíveis mostram atividades antihepatoma significativas *in vitro* e *in vivo* sem citotoxicidade, mostrando um efeito sinérgico para inibir o cancro da mama em ratos.

O lentinano, um conhecido β-glucano isolado do cogumelo shiitake, é utilizado como um medicamento aprovado para a terapia adjuvante de tumores no Japão e noutros países asiáticos **(Gründemann et al., 2015)**.

Além disso, **Zhang et al.** (**2021**) referiram que os ß-glucanos fúngicos, como o lentinano de *Lentinus edodes* e o esquizofilano de *Schizophyllum commune*, foram mesmo considerados eficazes no tratamento de cancros gástricos, da mama, do pulmão, do colo do útero e colorrectais quando utilizados em combinação com medicamentos antineoplásicos convencionais.

Com base no nosso presente estudo e metodologia, as AuNPs podem induzir efeitos citotóxicos diretos nas células cancerígenas na presença de glucanos como agente redutor de biopolímeros, **Razzaq et al, (2021)** referiram que as AuNPs têm um efeito pouco tóxico nas células normais devido à produção de nanopartículas em condições verdes não tóxicas, o que é de importância vital para responder às preocupações crescentes sobre a toxicidade global das nanopartículas para aplicações médicas e tecnológicas, pelo que, para reduzir a citotoxicidade e o impacto ambiental das AuNPs, a sua produção está a ganhar atenção através de métodos de química verde, utilizando extractos de organismos vivos **(Park et al., 2011)**. Um deles é a biossíntese com carboidratos, como os β-glucanos, que podem ser usados como agentes redutores e estabilizadores com uma abordagem promissora para aplicações biomédicas **(Hernandez et al., 2019)**.

As AuNPs são consideradas um nanomaterial não tóxico, mas as substâncias utilizadas para a sua preparação e modificação podem ser tóxicas, podendo esta toxicidade manifestar-se quando a concentração de AuNPs é elevada.

Até à data, vários estudos de investigação forneceram provas de que a concentração, o tamanho das partículas, a forma e a carga superficial das AuNPs são os principais fatores que influenciam o grau de citotoxicidade e bioacumulação **(Hernandez et al., 2019)**.

Nos últimos anos, a atenção tem-se centrado na utilização de polímeros naturais, especialmente polissacáridos como o alginato, a agarose, a quitosana, o glucano, a carragenina, o amido, a gelatina e a celulose, como hidrogéis **(Emam & Shaheen, 2022)**. Estes polímeros são mais flexíveis, biodegradáveis, biocompatíveis, não tóxicos, económicos e mecanicamente fortes, e estão disponíveis em abundância. Estes polissacáridos foram misturados ou reticulados com outros polímeros (sintéticos ou biopolímeros) para diferentes aplicações médicas **(Fan et al., 2022)**.

O presente estudo foi concebido para explorar os NGs preparados para o fabrico de hidrogel de rede 3D. O hidrogel foi criado utilizando NGs-s e k-carragenina na presença de CaCh como reticulador. O objetivo por trás do uso do crosslinker é que os hidrogéis reticulados formados são mais estáveis na água e permanecem assim por um período mais longo **(Silva et al., 2022)**. Além disso, **Matsumoto et al., (2021)** referiram que a reticulação química é um dos candidatos para obter hidrogéis com propriedades mecânicas consideráveis; houve alguns relatos de hidrogéis de polissacáridos preparados por reticulação química.

De um modo geral, a adição de nano-glucano ao hidrogel não só melhora o desempenho de adsorção, como também reduz significativamente a sua toxicidade biológica. Nos últimos anos, muitos pesquisadores têm usado as excelentes propriedades de adsorção de hidrogéis para tratar metais pesados de águas residuais **(Jiang et al., 2019)**. O β-glucano pode proporcionar um excelente ambiente para aplicação em vários campos, como cuidados com a pele, transportador de medicamentos e suplemento alimentar, devido ao seu efeito imunológico e anti-inflamatório. Recentemente, numerosos estudos têm sido dedicados ao desenvolvimento de tais estruturas de rede 3D utilizando vários polímeros para melhorar a biocompatibilidade, a natureza antimicrobiana e a estabilidade mecânica dos hidrogéis.

A carragenina é um polissacárido sulfatado linear solúvel em água extraído de algas vermelhas, constituído por unidades de galactose (1,3) e de D-galactose (1,4). Existem três tipos principais de carragenina, nomeadamente kappa- , lambda- e iota-, classificados em função da posição e do número de grupos sulfatados **(Nair et al., 2016)**.

A utilização de carragenina na preparação de hidrogéis para aplicações de cicatrização de feridas tem ganho recentemente mais atenção devido à sua elevada capacidade de absorção de água, natureza hemostática e excelente biocompatibilidade **(Singh et al., 2022)**.

Os hidrogéis de k-carragenina são considerados úteis para aplicações específicas de engenharia de tecidos **(Nair et al., 2016; Agoda-Tandjawa et al., 2017)**.

Antes da formação do hidrogel, este estudo é efectuado com o objetivo de aumentar a gelificação dos GN através da exposição à radiação gama, de modo a obter uma solução aquosa de polímero. Após a irradiação da solução polimérica, são formados intermediários macromoleculares reactivos devido à ação direta da radiação nas cadeias poliméricas ou à reação dos intermediários gerados na água com as moléculas do polímero **(Park et al.,**

2018).

De acordo com os nossos resultados, os hidrogéis de NGs/Cr eram muito flexíveis e resistentes, e estes resultados demonstraram a eficácia da reticulação química de polissacáridos, mas foram investigados determinados factores que afectam a preparação do gel, como a concentração da solução, a quantidade de reticulante necessária e o peso molecular do polissacárido original **(Matsumoto et al., 2021)**.

No presente estudo, a otimização do hidrogel de NGs/Cr foi conseguida através da investigação da percentagem de ESR dos hidrogéis obtidos utilizando diferentes concentrações de NGs e diferentes concentrações de $CaCl_2$. **EL Hosary et al. (2020)** referiram que quanto mais elevada for a ESR, maior será a capacidade da fórmula para absorver o exsudado da ferida, o que melhora a cicatrização.

Além disso, a otimização do hidrogel de NGs/Cr incluiu a porosidade que pode ser indicada a partir da análise SEM e BET. As experiências de SEM e BET indicaram que, a uma concentração de 1,5% de $CaCl_2$, o hidrogel de NGs/Cr parecia homogéneo com estruturas de rede bem proporcionadas com poros irregulares altamente conectados que variavam entre 100 e 190 μ, conforme mostrado pelo SEM. Enquanto a análise BET observou que a área de superfície específica e o volume total de poros do hidrogel de NGs/Cr preparado a 1,5% de CaCl2 eram 5,674 m^2 /g e 4,984 cc/g, respetivamente. Como resultado, 1,5 % de CaCl2 é adequado para hidrogel de rede 3D altamente conectado com maior capacidade de expansão e reação ao pH.

O tamanho dos poros e a rede do hidrogel também podem influenciar significativamente o carregamento do fármaco e o seu perfil de libertação **(Nair et al., 2016).** Enquanto isso, a caraterização do hidrogel NGs / Cr resultante é apoiada pelos espectros FTIR que indicaram o esqueleto da estrutura química de NGs e k-carragenina, essas observações foram concordantes com os resultados de (**Nair et al., 2016; Raymundi et al., 2018**).

O B-glucano é uma fração solúvel em álcali do cogumelo, pelo que o pH desempenha um papel importante na hidrofilicidade dos GN que, por sua vez, afecta a capacidade de expansão do hidrogel. Neste contexto, também examinámos a capacidade de resposta ao pH do hidrogel de NGs/Cr preparado através da dilatação em diferentes pH (2-10). Ao aumentar o pH do meio até 10, a dilatação aumentou, o que pode ser atribuído ao aumento da repulsão eletrostática dos grupos carregados negativamente, como o OH- das moléculas de β-glucano. **Kudaibergenov et al., (2020)** discutiram que quando o pH aumenta o polímero incha devido à repulsão eletrostática dos

grupos carregados negativamente.
No presente estudo, a seleção do nanomaterial mais potente (AuNPs) foi utilizada como modelo de fármaco antibiótico para estudar a carga e a libertação do fármaco a partir do hidrogel NGs/Cr preparado em função da reatividade ao pH.
A partir do SEM, pode ver-se que as AuNPs foram carregadas com sucesso na superfície do hidrogel NGs/Cr sem alterar a estrutura dos poros do hidrogel original. **Silva et al., (2022)** relataram que o SEM observou as propriedades de inchaço e libertação de compósitos de hidrogel funcional de k-carragenina /AuNPs que encontraram poros irregulares com elevada interconectividade para o hidrogel em branco e microestrutura homogénea com menor interconectividade de poros pela introdução de AuNPs.
O recente desenvolvimento do β-glucano como transportador para a entrega de informações biológicas ou compostos farmacêuticos aos órgãos/tecidos desejados e células imunitárias para imunoterapia está a ganhar um interesse crescente **(Su et al., 2020b)**.
Os nossos resultados reflectiram que, as AuNPs como modelo de libertação de fármaco em pH 2 foi ligeiramente mais amplo e mais intenso do que em meio básico devido ao deswelling do hidrogel em meio ácido que liberta as AuNPs fisicamente ligadas, onde a hidrofilicidade do hidrogel NGs/Cr diminui **(Ribeiro et al., 2022)**.
A cicatrização adequada de feridas cutâneas é considerada um desafio clínico, e o desenvolvimento de materiais novos e avançados para a cicatrização de feridas está a tornar-se uma necessidade urgente. Uma ferida resulta normalmente da perturbação da função anatómica normal e da estrutura da pele **(Mahmoud et al., 2021)**. As caraterísticas biodegradáveis e biocompatíveis dos hidrogéis e a sua tendência para fornecer fluidos às feridas secas fazem com que sejam preferidos como sistemas de administração tópica, em particular para o tratamento de feridas **(EL Hosary et al., 2020)**.
Os pensos para feridas à base de hidrogel têm recebido uma atenção considerável, uma vez que fornecem uma matriz altamente flexível e podem absorver o excesso de exsudados de forma eficaz para uma rápida cicatrização de feridas **(Singh et al., 2022)**. Um bom penso para feridas deve ser não tóxico, não alergénico e biocompatível **(Zou et al., 2022)**. Os polissacáridos são considerados biomateriais promissores na aceleração do processo de cicatrização de feridas devido à sua flexibilidade adequada, biocompatibilidade, biodegradabilidade, diversidade de estruturas, capacidade de dilatação em água e natureza antimicrobiana **(Singh et al.,**

2022).

As macromoléculas biológicas, como os β-glucanos, têm potencial para auxiliar os processos de cicatrização de tecidos, como ingrediente ativo em formulações como hidrogéis ou pomadas para o tratamento de feridas, úlceras epiteliais e queimaduras **(Nissola et al., 2021)**. Os β-glucanos são moduladores multifuncionais da cicatrização de feridas **(Majtan & Jesenak, 2018)**. Estudos clínicos anteriores em humanos sugeriram que os β-glucanos são curativos eficazes, seguros, bem tolerados e econômicos para o tratamento de feridas que não cicatrizam **(He et al., 2021)**.

Como demonstrado pelos nossos resultados, o hidrogel NGs/Cr e o penso NGs/Cr carregado com AuNPs foram altamente promotores da cicatrização de feridas em comparação com o controlo negativo e positivo sem qualquer inflamação ou irritação da pele do animal. Além disso, o hidrogel carregado com AuNPs mostrou uma notável eficiência na aceleração da cicatrização de feridas. Também foi enfatizado que, quase uma ferida curada completa foi alcançada após 10 dias de tratamento diário devido ao seu efeito de re-epitelização da pele melhorada e formação de colagénio.

Nair et al., (2016) é relatado que, o curativo de β-glucano cíclico capaz de encurtar o tempo de cicatrização de feridas em 48% sem qualquer irritação da pele em modelos de ratos quando comparado com gaze de algodão e controle positivo. Além disso, a presença de no hidrogel de β-glucano cíclico aumentou a capacidade de cicatrização de feridas em células in vivo em ratos. As feridas de excisão de espessura total em ratos tratados com o hidrogel cicatrizaram mais rapidamente quando comparadas com o controlo **(Nair et al., 2016)**. Aparentemente, as formulações que contêm β-glucanos estão atualmente no mercado como um hidrogel para o tratamento de feridas crónicas secas **(Cutting, 2019)**.

Além disso, **Nissola et al., (2021**) destacaram que os hidrogéis de ß-glucanos têm biocompatibilidade, elevado teor de água, estrutura microporosa tridimensional, permeabilidade ao oxigénio e aos nutrientes e propriedades elásticas semelhantes às dos tecidos, obtendo hidrogéis multifuncionais com novas propriedades benéficas para a cicatrização de feridas. **Medeiros et al., (2012)** demonstraram um aumento da hiperplasia epitelial de células inflamatórias, da angiogénese e da proliferação fibroblástica em úlceras venosas humanas pela aplicação tópica do (1 ^ 3)(1 ^ 6)- ß-glucano da levedura *Saccharomyces cerevisiae* **(Nissola et al., 2021)**.

Foi também referido que a análise histológica dos ß-glucanos melhora a cicatrização de feridas, aumentando a infiltração de macrófagos, a deposição de colagénio e a reepitelização. Além disso, estudos in vitro demonstraram que os ß-glucanos podem aumentar a proliferação e migração de fibroblastos humanos adultos e células estaminais mesenquimais **(He et al., 2021)**.

Além disso, **Grip et al.(2021)** referiram que o ß-glucano de levedura estimulava a síntese de colagénio em culturas de células de fibroblastos humanos. Ambas as descobertas são importantes para o papel desempenhado pelos ß-glucanos no tratamento de feridas. Outro benefício relatado dos ß-glucanos é a sua capacidade de modular o processo de cicatrização de feridas e reduzir a formação de cicatrizes em ratinhos, o que pode ser benéfico para doentes com cicatrizes excessivas e desfigurantes **(Razzaq et al., 2021; He et al., 2021)**.

As observações histológicas mostraram que a esponja de gelatina de ß-glucanos de cevada reduziu a inflamação e promoveu o crescimento do tecido epitelial e de granulação nas feridas no dia 7 após a administração. Além disso, aumentou o número de macrófagos na ferida no dia 3, indicando que os ß-glucanos de cevada promoveram o recrutamento de macrófagos para o local da ferida.

Os resultados indicam que os hidrogéis carregados com NGs/Cr e AuNPs são biocompatíveis e provavelmente seguros para utilização em contacto direto com a pele humana danificada. **Anjum et al.,(2016)** desenvolveram hidrogéis cíclicos de β-(1-3) (1-6) glucano/carragenina (Glu/Cr) carregados com ciprofloxacina como um curativo para feridas. Foi demonstrado que a incorporação de β- (1-3) (1-6) glucano cíclico em hidrogéis de carragenina aumentou a migração de fibroblastos, a deposição de colágeno e, portanto, acelerou o processo de cicatrização de feridas in vivo, com notável atividade antibacteriana contra *S. aureus* **(Singh et al., 2022)**.

Por outro lado, **Mahmoud et al., (2021)** relataram que os hidrogéis AuNPs melhoraram a reepitelização da pele e a deposição de colagénio após 14 dias de tratamento diário da ferida em comparação com os controlos. Essas descobertas estão de acordo com nosso estudo recente que mostrou que, o hidrogel carregado com AuNPs revelou o curativo de cicatrização de feridas altamente eficaz em comparação com o hidrogel NGs / Cr. Além disso, o curativo de hidrogel AuNPs afetou a expressão gênica de vários mediadores inflamatórios e anti-inflamatórios. Além disso, exibiu uma potente atividade antibacteriana *in vitro* contra *Staphylococcus aureus* e *Pseudomonas aeruginosa*.

Com base nos resultados globais actuais e em estudos anteriores, as AuNPs-carregadas em hidrogel de NGs/Cr podem ser consideradas como uma nanoplataforma promissora à base de ouro para acelerar a cicatrização de feridas sem quaisquer efeitos secundários tóxicos.

7 Conclusão

Para um futuro saudável da nanotecnologia, deve ser adoptada uma estratégia de síntese ecológica para a síntese de nanopartículas, utilizando moléculas ambientalmente benignas e renováveis, a fim de eliminar os riscos decorrentes da utilização de agentes redutores químicos e solventes orgânicos.

Neste estudo, os GN foram extraídos com êxito diretamente de dois tipos diferentes de cogumelos, nomeadamente o shiitake e a ostra, utilizando o método direto ácido-base.

O cogumelo Shiitake demonstrou a sua capacidade como candidato potente para a produção de NGs devido ao seu maior teor de rendimento % e elevada pureza com tamanho inferior, bem como maior bioatividade, como atividade antimicrobiana e antitumoral, do que os NGs de ostra.

As AuNPs foram preparadas com sucesso usando NGs-s através da técnica de micro-ondas e depois caracterizadas por diferentes ferramentas analíticas que indicaram a síntese de AuNPs.

A presente investigação pode concluir que, nos nossos resultados *in vitro* sobre a atividade antimicrobiana, as AuNPs revelaram uma maior atividade antimicrobiana do que as NGs e os medicamentos padrão durante este estudo.

A atividade antitumoral também foi determinada utilizando duas linhas celulares de carcinoma e os resultados obtidos confirmam a atividade antitumoral das NGs e AuNPs com baixa ou nenhuma toxicidade para as células normais e pode ser bem tolerada pelos doentes tratados com AuNPs ou NGs.

Foram também preparados hidrogéis sensíveis ao pH utilizando NGs-s e k-carragenina.

Os hidrogéis de pH de rede optimizados foram detectados por diferentes análises e caracterizações e, em seguida, foram aproveitados para a libertação de fármacos do antibacteriano mais potente (AuNPs) em diferentes meios de pH antes da avaliação in vivo da sua bioatividade como potenciais ligaduras de cicatrização de feridas.

O ensaio *in vivo* afirmou, sem dúvida, a caraterística textural da utilização dos hidrogéis NGs-Cr carregados com AuNPs, em particular, o carregamento com AuNPs exibiu uma atividade de cicatrização fascinante muito mais rápida do que os outros.

8 Recomendação

Todas estas investigações confirmaram o sucesso da nossa abordagem para obter NGs de cogumelos comestíveis de uma forma direta, esta abordagem também necessita de mais esforços futuros para encorajar tais procedimentos na produção/extração de outros nano- biopolímeros.

Recomenda-se que os NGs do cogumelo shiitake tenham uma caraterística textural devido à sua elevada atividade antitumoral e elevada eficiência de carga de fármaco aplicada como um novo tipo de sistema de hidrogel de nanomedicamentos para tratamento medicinal.

A NGS tem as vantagens promissoras de ser uma biomacromolécula não tóxica e segura para a síntese de nanopartículas, sendo assim considerada amiga do ambiente, fator muito importante para a aplicação em biotecnologia e biomedicina.

As AuNPs biossintetizadas a partir de NGs foram consideradas um nanomaterial auspicioso com maior capacidade antimicrobiana, antitumoral e de cicatrização de feridas sem efeitos secundários tóxicos.

Referências

Abdul-Hadi, S. Y., Owaid, M. N., Rabeea, M. A., Abdul Aziz, A., & Jameel, M. S. (2020). Micossíntese rápida e caraterização de nanopartículas de ouro cristalino revestidas com fenóis de *Ganoderma applanatum*, Ganodermataceae. Biocatálise e Biotecnologia Agrícola, 27(5), 101683.

Abreu, H., Simas, F. F., Smiderle, F. R., Sovrani, V., Dallazen, J. L., Maria-Ferreira, D., Werner, M. F., Cordeiro, L. M. C., & Iacomini, M. (2019). Propriedade funcional gelificante, bioatividades antiinflamatórias e antinociceptivas do ß-D-glucano do cogumelo comestível *Pholiota nameko*. Jornal Internacional de Macromoléculas Biológicas, 122, 1128-1135.

Agoda-Tandjawa, G., Le Garnec, C., Boulenguer, P., Gilles, M., & Langendorff, V. (2017). Comportamento reológico de sistemas mistos de amido / carragenina / proteínas do leite: Papel de cada tipo de biopolímero e caraterísticas químicas. Food Hydrocolloids, 73, 300-312.

Ahmad Usuldin, S. R., Mahmud, N., Ilham, Z., Khairul Ikram, N. K., Ahmad, R., & Wan-Mohtar, W. A. A. Q. I. (2020). Caracterização espetral em profundidade do antioxidante (1,3) -ß-D-glucano do micélio de um cogumelo de leite de tigre identificado *Lignosus rhinocerus* cepa ABI em um biorreator de tanque agitado. Biocatalysis and Agricultural Biotechnology, 23(8), 101455.

Ahmad, A., Anjum, F. M., Zahoor, T., Nawaz, H., & Muhammad, S. (2012). Beta Glucan: Um valioso ingrediente funcional em alimentos Revisões críticas em ciência e nutrição de alimentos Beta Glucan: Um valioso ingrediente funcional nos alimentos, (5)

Ali, A., & Ahmed, S. (2018). Avanços recentes em hidrogéis baseados em polímeros comestíveis como uma alternativa sustentável aos polímeros convencionais. Jornal de Química Agrícola e Alimentar, 66, 69406967.

Alsamhary, K., Al-Enazi, N., Alshehri, W. A., & Ameen, F. (2020). Nanopartículas de ouro sintetizadas por flavonoide tricetina como um potencial nanomedicamento antibacteriano para tratar infecções respiratórias que causam patógenos bacterianos oportunistas. Patogénese Microbiana, 139, 103928.

Alzorqi, I., Sudheer, S., Lu, T. J., & Manickam, S. (2017). Ultrassonicamente extraído β-D-glucano de cogumelo cultivado artificialmente, propriedades caraterísticas e atividade antioxidante. Ultrasonics Sonochemistry, 35, 531-540.

Amina, S. J., & Guo, B. (2020). Uma revisão sobre a síntese e funcionalização de nanopartículas de ouro como veículo de liberação de drogas. Jornal Internacional de Nanomedicina, 15, 9823-9857.

Andrews, J. M. (2001). Determinação das concentrações inibitórias mínimas. Journal of Antimicrobial Chemotherapy, 48(5),5-16.
Anjum, S., Gupta, A., Sharma, D., Dalal, P., & Gupta, B. (2016). Compatibilidade com a pele e estudos antimicrobianos em tecido de polipropileno biofuncionalizado. Ciência e Engenharia de Materiais: C, 69, 1043-1050.
Anusuya, S., & Sathiyabama, M. (2014). Preparação de nanopartículas de ß-d-glucano e sua atividade antifúngica. Jornal Internacional de Macromoléculas Biológicas, 70, 440-443.
Ashraf, H., Anjum, T., Riaz, S., & Naseem, S. (2020). Síntese Verde Assistida por Micro-ondas e Caracterização de Nanopartículas de Prata Usando Melia azedarach para o Manejo de *Fusarium* Wilt em Tomate. Fronteiras em Microbiologia, 11(3), 122.
Ashraf, Z. ul, Shah, A., Gani, A., Gani, A., Masoodi, F. A., & Noor, N. (2021). Nanoredução como uma tecnologia para explorar ß-Glucan de fontes de cereais e fungos para aumentar seu potencial nutracêutico. Carbohydrate Polymers, 258(8), 117664.
Aswathy, S. H., Narendrakumar, U., & Manjubala, I. (2020). Hidrogéis comerciais para aplicações biomédicas. Heliyon, 6(4), 3719.
Atlas, R.M. (1993): Handbook of microbiology media, PP.278.
Bact, 16, 313-340
Bai, J., Ren, Y., Li, Y., Fan, M., Qian, H., Wang, L., Wu, G., Zhang, H., Qi, X., Xu, M., & Rao, Z. (2019). Funcionalidades fisiológicas e mecanismos de β-glucanos. Tendências em Ciência e Tecnologia de Alimentos, 88 (2), 57-66.
Bajpai, P. (2019). Capítulo 10 - Fontes emergentes de biopolímeros. Em P. Bajpai (Ed.), Biobased Polymers (pp. 197-202).
Bak, W. C., Park, J. H., Park, Y. A., & Ka, K. H. (2014). Determinação do conteúdo de glucano nos corpos de frutificação e micélios de cultivares *de Lentinula edodes*. Mycobiology, 42(3),301304.
Bulam, S., $ule Üstün, N., & Pek^en, A. (2018). β-Glucanos: Uma importante molécula bioativa de comestíveis e medicinais
Cogumelos. Simpósio Internacional de Ciências Tecnológicas e Design, 6,1-17.
Chen, J., & Seviour, R. (2007). Importância medicinal de beta- (1-3), (1-6)-glucanos fúngicos. Mycological Research, 111(6), 635-652.
Chen, L., Xu, W., Lin, S., & Cheung, P. C. K. (2014a). Estrutura da parede celular do esclerócio do cogumelo (*Pleurotus tuber regium*): Parte 1. Fracionamento e caraterização dos polissacáridos solúveis da parede celular.

Food Hydrocolloids, 36,189-195.
Chen, S.-N., Chang, C.-S., Hung, M.-H., Chen, S., Wang, W., Tai, C.-J., & Lu, C.-L. (2014b). O Efeito dos BetaGlucanos de Cogumelo da Cultura Sólida de Ganoderma lucidum na Inibição da Metástase do Tumor Primário. Medicina complementar e alternativa baseada em evidências, 152-159.
Chen, W. Y., Suzuki, T., & Lackner, M. (2016). Manual de mitigação e adaptação às alterações climáticas, segunda edição. Handbook of Climate Change Mitigation and Adaptation, Segunda Edição, 14(10), 1-3331.
Chen, X., Chen, Y., Li, S., Chen, Y., Lan, J., & Liu, L. (2009). Eliminação de radicais livres dos polissacáridos *de Ganoderma lucidum* e o seu efeito nas enzimas antioxidantes e actividades imunitárias em ratos com carcinoma cervical. Carbohydrate Polymers, 77(2), 389- 393
Chiu, C. H., Peng, C. C., Ker, Y. B., Chen, C. C., Lee, A., Chang, W. L., Chyau, C. C., & Peng, R. Y. (2014). Caraterísticas físico-químicas e atividades antiinflamatórias de antrodan, uma nova glicoproteína isolada de micélios *de antrodia cinnamomea.* Molecules, 19(1), 22-40
Cicero, L., Fazzotta, S., Palumbo, V. D., Cassata, G., & Lo Monte, A. I. (2018). Protocolos de anestesia em animais de laboratório utilizados para fins científicos. Ata Bio-Medica: Atenei Parmensis, 89(3), 337-342.
Cleanthes, I., Eleftherios, E., & Vassilis, M. (2014). O uso potencial de β-glucanos de cogumelos na indústria alimentícia. Jornal Internacional de Biotecnologia para Indústrias de Bem-Estar, 3(1), 15-18.
Cutting, K. F. (2019). A relação custo-eficácia de um novo gel solúvel de betaglucano. Journal of Wound Care, 26(5), 228-234.
Das, R. K., Gogoi, N., Babu, P. J., Sharma, P., Mahanta, C., & Bora, U. (2012). A síntese de nanopartículas de ouro usando extrato de folha de *Amaranthus spinosus* e estudo de suas propriedades ópticas. Avanços em Física e Química de Materiais, 02(04), 275-281.
Dreanca, A., Muresan-Pop, M., Taulescu, M., Tóth, Z. R., Bogdan, S., Pestean, C., Oren, S., Toma, C., Popescu, A., Páll, E., Sevastre, B., Baia, L., & Magyari, K. (2021). Compósitos à base de vidro bioativo, biopolímeros e nanopartículas de ouro para aplicações de engenharia de tecidos. Ciência e Engenharia de Materiais C, 123(1).
Du, B., Meenu, M., Liu, H., & Xu, B. (2019). Uma revisão concisa sobre a estrutura molecular e a relação de função do ß-glucano. Revista Internacional de Ciências Moleculares, 20 (16). 32
Du, W., Zhao, Z., & Zhang, X. (2022). Hidrogel UCST projetado com reticulador de alginato de sódio para propriedades mecânicas superiores e remoção controlável de corante. Carbohydrate Polymers, 285, 119232.

EL Hosary, R., El-Mancy, S. M. S., El Deeb, K. S., Eid, H. H., EL Tantawy, M. E., Shams, M. M., Samir, R., Assar, N. H., & Sleem, A. A. (2020). Hidrogel composto de cicatrização de feridas eficiente usando polissacarídeo egípcio Avena sativa L. contendo ß-glucano. International Journal of Biological Macromolecules, 149, 1331-1338.

Emam, H. E., & Shaheen, T. I. (2022). Projeto de um hidrogel responsivo a pH e temperatura duplo baseado em nanocristais de celulose esterificada para potencial liberação de drogas. Carbohydrate Polymers, 278(9), 118925

Eyigor, A., Bahadori, F., Yenigun, V. B., & Eroglu, M. S. (2018). Hidrogéis responsivos à temperatura baseados em Beta-Glucan para entrega de 5-ASA. Polímeros de carboidratos, 201(8), 454-463.

Fan, Z., Cheng, P., Zhang, P., Gao, Y., Zhao, Y., Liu, M., Gu, J., Wang, Z., & Han, J. (2022). Um novo hidrogel composto multifuncional Salecan / κ- carragenina com propriedades anticongelantes: Reologia avançada, análise térmica e ajuste de modelo. Jornal Internacional de Macromoléculas Biológicas, 208(2), 110.

Fesel, P. H., & Zuccaro, A. (2016). β-glucano: Componente crucial da parede celular fúngica e MAMP evasivo em plantas. Genética e Biologia Fúngica, 90, 53-60.

Formulações, N., Neun, B. W., Cedrone, E., Potter, T. M., Crist, R. M., & Dobrovolskaia, M. A. (2020). Deteção de contaminação por beta-glucano em formulações baseadas em nanotecnologia. Figura 1, 1-16.

Free, M., Obesity, M. C., & Juravin, D. K. (2020). Efeitos do Beta Glucan na redução de peso, desejos e diabetes no Bootcamp GLOBESITY para obesos. Resumo de PHD,

Frioui, M., Shamtsyan, M., & Zhilnikova, N. A. (2018). Desenvolvimento de novos métodos de isolamento de beta-glucanos de cogumelos para uso na indústria alimentícia e sua avaliação comparativa. Jornal de Engenharia e Design Higiénico, 25(12), 107-111.

George, A., Sanjay, M. R., Srisuk, R., Parameswaranpillai, J., & Siengchin, S. (2020). Uma revisão abrangente sobre propriedades químicas e aplicações de biopolímeros e seus compósitos. Jornal Internacional de Macromoléculas Biológicas, 154, 329338.

Gharibzahedi, S. M. T., Marti-Quijal, F. J., Barba, F. J., & Altintas, Z. (2022). Tendências emergentes atuais nas atividades antitumorais de polissacarídeos extraídos por métodos assistidos por micro-ondas e ultrassom. Jornal Internacional de Macromoléculas Biológicas, 202(11), 494-507.

Giavasis, I. (2014). Polissacarídeos fúngicos bioativos como potenciais

ingredientes funcionais em alimentos e nutracêuticos. Opinião atual em Biotecnologia, 26, 162-173.
Goyal, G., Hwang, J., Aviral, J., Seo, Y., Jo, Y., Son, J., & Choi, J. (2017). Síntese verde de nanopartículas de prata usando ß-glucano e sua incorporação em nanoemulsões de água em óleo carregadas com doxorrubicina para aplicações antitumorais e antibacterianas. Jornal de Química Industrial e de Engenharia, 47, 179-186.
Grip, J., Steene, E., Engstad, R. E., Hart, J., Bell, A., Skjaveland, I., Basnet, P., Skalko-Basnet, N., & Holsater, A. M. (2021). Desenvolvimento de uma nova formulação de spray de hidrogel suplementado com beta-glucano e eficácia na cicatrização de feridas em um modelo de camundongo diabético db / db. Jornal Europeu de Farmacêutica e Biofarmacêutica, 169(5), 280-291.
Gründemann, C., Garcia-Käufer, M., Sauer, B., Scheer, R., Merdivan, S., Bettin, P., Huber, R., & Lindequist, U. (2015). Investigações químicas e biológicas comparativas de produtos contendo ß-glucano de cogumelos shiitake. Journal of Functional Foods, 18, 692-702.
Gulrez, S. K., Al-Assaf, S., & O, G. (2011). Hydrogels: Métodos de Preparação, Caracterização e Aplicações. Progresso em Bioengenharia Molecular e Ambiental - Da Análise e Modelação às Aplicações Tecnológicas, 10.5772/24553
Gunti, L., Dass, R. S., & Kalagatur, N. K. (2019). Fitofabricação de nanopartículas de selênio a partir do extrato de frutas de emblica officinalis e exploração de suas aplicações biopotenciais: Antioxidante, antimicrobiano e biocompatibilidade. Frontiers in Microbiology, 10(4), 1-17.
Gutiérrez-Wing, C., Esparza, R., Vargas-Hernández, C., Fernández García, M. E., & José-Yacamán, M. (2012).
Síntese assistida por micro-ondas de nanopartículas de ouro auto-montadas em superestruturas auto-suportadas. Nanoscale, 4(7), 2281-2287.
Gwon, H. J., Lim, Y. M., Park, J. S., & Nho, Y. C. (2011). Avaliação do curativo de ferida de hidrogel β -Glucan sintetizado por radiação usando modelos de ratos. Revista Internacional de Ciências Médicas e da Saúde, 5(12), 684-687.
Hanashima, S., Ikeda, A., Tanaka, H., Adachi, Y., Ohno, N., Takahashi, T., & Yamaguchi, Y. (2014). O estudo NMR de ß (1-3) -glucanos curtos fornece insights sobre a estrutura e interação com Dectin-, 1. Springer Science Business Media, (31),199-207
Hasler, C. M. (1996). Alimentos funcionais: a perspetiva ocidental. Nutrition Reviews, 54(11), S6-S10.

Hassan, M. E., Bai, J., & Dou, D. Q. (2019). Biopolímeros; Definição, classificação e aplicações. Jornal Egípcio de Química, 62(9), 1725-1737.

Ele, X., Lin, Y., Xue, Y., Wang, H., Liu, Q., Chen, J., Ma, H., & Li, P. (2021). A esponja de gelatina de β-glucano de cevada melhora a cicatrização de feridas prejudicada em camundongos diabéticos e imunossuprimidos, regulando a polarização de macrófagos. Materiais hoje comunicações, 29, 102744.

Hebeish, A., Farag, S., Sharaf, S., & Shaheen, T. I. (2014). Hidrogéis termicamente responsivos baseados em rede semi-interpenetrante de poli (NIPAm) e nanowhiskers de celulose. Carbohydrate Polymers, 102(1), 159-166.

Hebeish, A., Farag, S., Sharaf, S., & Shaheen, T. I. (2015). Hidrogéis nanocompósitos de celulose radicalmente novos: Caracteres responsivos à temperatura e ao pH. Jornal Internacional de Macromoléculas Biológicas, 81, 356-361.

Hennink, W. E., & van Nostrum, C. F. (2002). Novos métodos de reticulação para conceber hidrogéis. Advanced Drug Delivery Reviews, 54(1), 13-36.

Hernandez-adame, L., Angulo, C., Delgado, K., Schiavone, M., Castex, M., Palestino, G., Betancourt-mendiola, L., & Reyes- becerril, M. (2019). Jornal Internacional de Macromoléculas Biológicas Biossíntese de β - D - glucano - nanopartículas de ouro, citotoxicidade e estresse oxidativo em esplenócitos de camundongo. Revista Internacional de Macromoléculas Biológicas, 134, 379-389.

Houghton, P., Fang, R., Techatanawat, I., Steventon, G., Hylands, P. J., & Lee, C. C. (2007). O ensaio da sulforhodamina (SRB) e outras abordagens para testar extractos de plantas e compostos derivados para actividades relacionadas com a reputada atividade anticancerígena. Methods, 42(4), 377-387.

Hwang, I. W., Kim, B. M., Kim, Y. C., Lee, S. H., & Chung, S. K. (2018). Melhoria na extração de β-glucano de Ganoderma lucidum com vaporização de alta pressão e pré-tratamento enzimático. Química Biológica Aplicada, 61(2), 235-242.

Ifuku, S., Nomura, R., Morimoto, M., & Saimoto, H. (2011). Preparação de nanofibras de quitina a partir de cogumelos. Materials, 4(8), 1417-1425.

Irshad, A., Sarwar, N., Sadia, H., Riaz, M., Sharif, S., Shahid, M., & Khan, J. A. (2020). Nanopartículas de prata: síntese e caraterização utilizando glucanos extraídos de *Pleurotus ostreatus*. Applied Nanoscience (Suíça), 10(8), 32053214.

Jabir, M. S., Taha, A. A., & Sahib, U. I. (2018). Linalol carregado em nanopartículas de ouro modificadas com glutationa: um sistema de liberação de drogas para uma terapia antimicrobiana bem-sucedida. Células artificiais, nanomedicina e biotecnologia, 46 (2), 345-355.

Jacob, J., Haponiuk, J. T., Thomas, S., & Gopi, S. (2018). Nanomateriais à base de biopolímeros em sistemas de liberação de drogas: Uma revisão. Materiais Hoje Química, 9, 43-55.

Jaleh, B., Nasrollahzadeh, M., Nasri, A., Eslamipanah, M., Moradi, A., & Nezafat, Z. (2021). (Nano)catalisadores derivados de biopolímeros para a evolução do hidrogénio através da hidrólise de hidretos e técnicas electroquímicas e fotocatalíticas. Revista internacional de moléculas biológicas, 182, 1056-1090.

Jia, X., Xu, X., & Zhang, L. (2013). Síntese e estabilização de nanopartículas de ouro induzidas por desnaturação e renaturação de β-glucano helicoidal triplo em água. Biomacromolecules, 14(6), 17871794.

Jia, X., Yao, Y., Yu, G., Qu, L., Li, T., Li, Z., & Xu, C. (2020). Síntese de nanoligas de ouro-prata sob irradiação assistida por micro-ondas por deposição de prata em nanoclusters de ouro / glucano de tripla hélice e atividade antifúngica. Carbohydrate Polymers, 238(3), 116169.

Jiang, C., Wang, X., Wang, G., Hao, C., Li, X., & Li, T. (2019). Desempenho de adsorção de um hidrogel composto de polissacarídeo baseado em glucano / quitosano reticulado para íons de metais pesados. Compósitos Parte B: Engenharia, 169(4), 45-54.

Joy, R., Vigneshkumar, P. N., John, F., & George, J. (2021). Hidrogéis à base de carragenina. Em Hidrogéis de Plantas e Algas para Entrega de Medicamentos e Medicina Regenerativa, capítulo 9, 293325

Kalita, S., Kandimalla, R., Bhowal, A. C., Kotoky, J., & Kundu, S. (2018). A funcionalização do antibiótico β-lactâmico em nanoclusters de ouro revestidos com lisozima retrocede o MRSA e seus persistentes após o despertar. Relatórios Científicos, 8(1), 1-13.

Kao, P. F., Wang, S. H., Hung, W. T., Liao, Y. H., Lin, C. M., & Yang, W. Bin. (2012). Caracterização estrutural e atividade antioxidante de beta-1,3-glucano de baixo peso molecular do resíduo de corpos de frutificação extraídos *de Ganoderma lucidum*. Jornal de Biomedicina e Biotecnologia, 2012 (1).

Kao, P. F., Wang, S. H., Hung, W. T., Liao, Y. H., Lin, C. M., & Yang, W. Bin. (2012). Caracterização estrutural e atividade antioxidante de beta-1,3-glucano de baixo peso molecular do resíduo de corpos de frutificação extraídos *de Ganoderma lucidum*. Jornal de Biomedicina e Biotecnologia,

Kaur, R., Sharma, M., Ji, D., Xu, M., & Agyei, D. (2020). Caraterísticas estruturais, modificação e funcionalidades do beta-glucano. Fibras, 8(1).
Khan, A. A. K., Masoodi, F. A., & Baba, R. A. (2020a). β-glucano do cogumelo ostra (*Pleurotus ostreatus*) cultivado na região do Himalaia: Efeito da irradiação γ na estrutura, térmica, funcional, antioxidante, antimicrobiana, antiproliferativa e
Propriedades imunomoduladoras. Jornal Canadiano de Nutrição Clínica, junho, 78-106
Khan, A. A., Gani, A., Khanday, F. A., & Masoodi, F. A. (2018). Atividades biológicas e farmacêuticas do cogumelo ß-glucano discutidas como um potencial ingrediente alimentar funcional. Carboidratos bioativos e fibras alimentares, 16 (12), 1-13.
Khan, A. A., Masoodi, F. A., & Khanday, F. A. (2020b). Propriedades antioxidantes, antiproliferativas, imunomoduladoras, antimicrobianas e funcionais do extrato de ß-glucano de cogumelo selvagem (*Coprinus atramentarius*) conforme afetado pelo tratamento de irradiação γ. Jornal Canadiano de Nutrição Clínica, 6, 107-134.
Kim, J., Lim, J., Bae, I. Y., Park, H.-G., Lee, H., & Lee, S. (2010). Efeito do tamanho das partículas do pó de cogumelo *lentinus edodes* nas propriedades físico-químicas, reológicas e de resistência ao óleo de massas de fritura. Jornal de Estudos de Textura, 41, 381-395
Kofuji, K., Huang, Y., Tsubaki, K., Kokido, F., Nishikawa, K., Isobe, T., & Murata, Y. (2010). Preparação e avaliação de uma nova folha de penso para feridas composta por um complexo de ß-glucano-quitosano. Polímeros Reactivos e Funcionais, 70(10), 784-789.
Kudaibergenov, S. E., Nuraje, N., & Khutoryanskiy, V. V. (2020). Nano-, micro e macrogéis anfotéricos, membranas e filmes finos. Soft Matter, 8(36), 9302-9321.
Kulkarni, T., Mukhopadhyay, D., & Bhattacharya, S. (2022). Influência das moléculas de superfície nas propriedades nanomecânicas das nanopartículas de ouro usando microscopia de força atómica. Applied Surface Science, 591(12)
Kumar, A., & Prasad, K. S. (2021). Papel do nano-selênio na saúde e no meio ambiente. Jornal de Biotecnologia, 325 (8), 152-163.
Kurek, M. A., Wyrwisz, J., & Wierzbicka, A. (2016). Efeito do tamanho das partículas de β-glucano nas propriedades dos pães de trigo fortificados. CYTA - Journal of Food, 14(1), 124-130.
Laftah, W. A., Hashim, S., & Ibrahim, A. N. (2011). Hidrogéis de polímero: A review. Polymer - Plastics Technology and Engineering, 50(14),

1475-1486.
Lee, B., & Lee, D. G. (2019). Atividade antibacteriana sinérgica de nanopartículas de ouro causada por apoptose como morte. Jornal de Microbiologia Aplicada, 127(3), 701-712.
Lee, K., Choi, Y., Kim, K., & Koo, H. (2019). ciências aplicadas Quantificação de biomoléculas em nanoescala desconhecidas usando o método de diferença de peso médio. Ciência Aplicada , 9(130).
Lei, N., Wang, M., Zhang, L., Xiao, S., Fei, C. Z., Wang, X., Zhang, K., Zheng, W., Wang, C., Yang, R., & Xue, F. (2015). Efeitos do β-glucano de levedura de baixo peso molecular nas atividades antioxidantes e imunológicas em camundongos. Revista Internacional de Ciências Moleculares, 16(9), 21575-21590.
Leô, M., Gonzaga, C., Menezes, T. M. F., De Souza, R. R., Ricardo, M. P. S., & Soares, S. D. A. (2013). Caracterização estrutural de β glucanos isolados de *Agaricus blazei* Murill utilizando espetroscopia de RMN e FTIR. Carboidratos bioativos e fibras alimentares,2(2) 152-156.
Li, N., Qiao, D., Zhao, S., Lin, Q., Zhang, B., & Xie, F. (2021). Impressão 3D para inovar materiais de biopolímero para aplicações exigentes: Uma revisão. Materiais Hoje Química, 20.
Li, X., & Cheung, P. C. K. (2019). Aplicação de β-glucanos naturais como nanomateriais funcionais biocompatíveis. Ciência dos Alimentos e Bem-Estar Humano, 8(4), 315-319.
Li, X., Robinson, S. M., Gupta, A., Saha, K., Jiang, Z., Moyano, D. F., Sahar, A., Riley, M. A., & Rotello, V. M. (2014). Nanopartículas de ouro funcionais como potentes agentes antimicrobianos contra bactérias resistentes a múltiplos medicamentos. ACS Nano, 8(10), 10682-10686.
Long, N. T., Anh, N. T. N., Giang, B. L., Son, H. N., & Luan, L. Q. (2019). Degradação por radiação de β-glucano com potencial para redução de lipídios e glicose no sangue de camundongos. Polímeros, 11(6), 1-15.
M, N., D, S., Hans, S., Varghese, A., Fatima, Z., & Hameed, S. (2019). Estudos sobre a atividade antifúngica de nanopartículas de ouro bio-modelo sobre Candida albicans. Boletim de Pesquisa de Materiais, 119(7), 110563.
Mahmoud, K. F., Amin, A. A., Salama, M. F., & Seliem, E. I. (2015). Encapsulamento de nano beta-glucano para preservação da funcionalidade e entrega direcionada de componente alimentar bioativo. Revista Internacional de Investigação Química, 8(11), 587-598.
Mahmoud, N. N., Hikmat, S., Abu Ghith, D., Hajeer, M., Hamadneh, L., Qattan, D., & Khalil, E. A. (2021). Nanopartículas de ouro carregadas em hidrogel polimérico para cicatrização de feridas em ratos: Efeito da forma das

nanopartículas e modificação da superfície. International Journal of Pharmaceutics, 565 (3), 174-186.

Mai'sa, C., Camelini, M., Maraschin, M., Mendonc^amendonc^a, M. M. De, Zucco, C., Ferreira, A. G., & Tavares, L. A. (2005). Caracterização estrutural de b-glucanas de *Agaricus brasiliensis* em diferentes estágios de maturação do corpo de frutificação e sua utilização em produtos nutracêuticos. Biotechnology Letters,1295-1299

Majtan, J., & Jesenak, M. (2018). β-Glucanos: Modulador multifuncional da cicatrização de feridas. Moléculas, 23(4), 1-15.

Manzi, P., & Pizzoferrato, L. (2000). Beta-glucanos em cogumelos comestíveis. Food Chemistry, 68(3), 315-318.

Markovina, N., Banjari, I., Bucevic Popovic, V., Jelicic Kadic, A., & Puljak, L. (2020). Eficácia e segurança de produtos comerciais de beta-glucano por via oral e por inalação: Revisão sistemática de ensaios clínicos randomizados. Nutrição Clínica, 39(1), 40-48.

Matsumoto, Y., Enomoto, Y., Kimura, S., & Iwata, T. (2021). Hidrogéis reticulados altamente deformáveis e recuperáveis de 1,3-a-D e 1,3-ß-D-glucanos. Carbohydrate Polymers, 251(8), 116794

McCleary, B. V., & Draga, A. (2016). Medição de β-Glucan em cogumelos e produtos miceliais. Jornal da AOAC International, 99(2), 364-373.

Medeiros, S. D. V., Cordeiro, S. L., Cavalcanti, J. E. C., Melchuna, K. M., Lima, A. M. da S., Filho, I. A., Medeiros, A. C., Rocha, K. B. F., Oliveira, E. M., Faria, E. D. B., Sassaki, G. L., Rocha, H. A. O., & Sales, V. S. F. (2012). Efeitos do (1^3)-ß-glucano purificado de Saccharomyces cerevisiae na cicatrização de úlceras venosas. Revista Internacional de Ciências Moleculares, 13(7), 8142-8158.

Meng, Y., Cai, L., Xu, X., & Zhang, L. (2018). Construção de nanopartículas de ouro de tamanho controlável imobilizadas em nanotubos de polissacarídeos por síntese in situ de um pote. Jornal Internacional de Macromoléculas Biológicas, 113, 240-247.

Minniczuk-Chodakowska, I., & Witkowska, A. M. (2020). Avaliação de cogumelos selvagens polacos como fontes de beta-glucano. Revista Internacional de Investigação Ambiental e Saúde Pública, 17(19), 1-17.

Minniczuk-Chodakowska, I., Witkowska, A. M., Zujko, M. E., & Terlikowska, K. M. (2017). Avaliação quantitativa do conteúdo de 1,3,1,6 β-D-glucano em espécies silvestres de cogumelos poloneses comestíveis. Roczniki Panstwowego Zakladu Higieny, 68(3), 281-290.

Mohan, S., Oluwafemi, O. S., Kalarikkal, N., Thomas, S., & Songca, S. P. (2016). Biopolímeros - Aplicação em Nanociência e Nanotecnologia.

Avanços recentes em biopolímeros, março.

Mohandas, A., Deepthi, S., Biswas, R., & Jayakumar, R. (2018). Scaffolds de nanocompósitos metálicos à base de quitosana como curativos antimicrobianos para feridas. Materiais Bioativos, 3(3), 267277.

Mohd Jami, N. A. (2014). Cromatografia Líquida MS / MS Respostas em Lentinan para Caracterização da Estrutura do Polissacarídeo de Cogumelo β-D-Glucan. Jornal de Cromatografia e Técnicas de Separação, 06(01).

Mohite, P. B., & Adhav, S. (2017). Um hidrogel: métodos de preparação e aplicações.

Morales, D., Rutckeviski, R., Villalva, M., Abreu, H., Soler-Rivas, C., Santoyo, S., Iacomini, M., & Smiderle, F. R. (2020). Isolamento e comparação de α- e β-D-glucanos de cogumelos shiitake (*Lentinula edodes*) com diferentes atividades biológicas. Carbohydrate Polymers, 229(10), 115521.

Morales, D., Smiderle, F. R., Villalva, M., Abreu, H., Rico, C., Santoyo, S., Iacomini, M., & Soler-Rivas, C. (2019a). Testando o efeito da combinação de tecnologias de extração inovadoras nas atividades biológicas das frações enriquecidas com β-glucano obtidas de Lentinula edodes. Jornal de Alimentos Funcionais, 60, 103446.

Morales, D., Smiderle, F. R., Piris, A. J., Soler-Rivas, C., & Prodanov, M. (2019b). Produção de um extrato rico em β-d-glucano de cogumelos Shiitake (*Lentinula edodes*) por um processo de extração / microfiltração / osmose reversa (nanofiltração). Innovative Food Science & Emerging Technologies, 51, 80-90.

Murphin Kumar, P. S., MubarakAli, D., Saratale, R. G., Saratale, G. D., Pugazhendhi, A., Gopalakrishnan, K., & Thajuddin, N. (2017). Síntese de partículas de ouro nano-cuboidais para uma propriedade antimicrobiana eficaz contra patógenos humanos clínicos. Patogénese Microbiana, 113, 68-73.

Muthuraman, M., Patra, S., & Maniarasu, G. (2012). Atividade antitumoral do extrato etanólico de *Gracilaria edulis* (Gmelin) Silva em camundongos portadores de carcinoma de ascite de Ehrlich. Jornal de Medicina Integrativa Chinesa, 10, 430-435.

Nair, A. V., Raman, M., & Doble, M. (2016). Hidrogéis cíclicos de β- (1 ^ 3) (1 ^ 6) glucano / carragenina para aplicações de cicatrização de feridas. RSC Advances, 6(100), 98545-98553.

Narayanan, K. B., Park, H. H., & Han, S. S. (2015). Síntese e caraterização de nanopartículas de ouro biomatrizadas pelo cogumelo *Flammulina velutipes* e seu potencial catalítico heterogêneo. Chemosphere,

141, 169-175.

Nath, S., Ghosh, S. K., & Pal, T. (2004). Evolução da fase de solução de nanoligas AuSe em Triton X-100 sob fotoactivação UV. Chemical Communications, 4(8), 966-967.

Nawaz, A., Ali, S. M., Rana, N. F., Tanweer, T., Batool, A., Webster, T. J., Menaa, F., Riaz, S., Rehman, Z., Batool, F., Fatima, M., Maryam, T., Shafique, I., Saleem, A., & Iqbal, A. (2021). Nanopartículas de ouro carregadas de ciprofloxacina contra a resistência antimicrobiana: Uma avaliação *in vivo*. Nanomateriais (Basileia, Suíça), 11 (11).

Nayak, V., Singh, K. R., Singh, A. K., & Singh, R. P. (2021). Potencialidades das nanopartículas de selênio na ciência biomédica. Em New Journal of Chemistry , 45(6).

Ndugire, W., Liyanage, S. H., & Yan, M. (2021). Nanopartículas de metal com apresentação de carboidratos: Síntese, Caracterização e Aplicações. Em Comprehensive Glycoscience, 2ª ed., (4). Elsevier B.V.

Ngo, V. K. T., Nguyen, H. P. U., Huynh, T. P., Tran, N. N. P., Lam, Q. V., & Huynh, T. D. (2015). Preparação de nanopartículas de ouro por aquecimento por micro-ondas e aplicação de espetroscopia para estudar o conjugado de nanopartículas de ouro com anticorpo E. coli O157: H7. Avanços em Ciências Naturais: Nanociência e Nanotecnologia, 6(3).

Nissola, C., Marchioro, M. L. K., de Souza Leite Mello, E. V., Guidi, A. C., de Medeiros, D. C., da Silva, C. G., de Mello, J. C. P., Pereira, E. A., Barbosa-Dekker, A. M., Dekker, R. F. H., & Cunha, M. A. A. (2021). Hidrogel contendo (1 ^ 6) -ß-D- glucano (lasiodiplodan) promove efetivamente a cicatrização de feridas dérmicas. Jornal Internacional de Macromoléculas Biológicas, 183, 316-330.

Nováka, M., Synytsyaa, A., Gedeonb, O., Slepickac, P., Procházkab, V., Synytsyad, A., Blahovece, J., Hejlováe, A., & Copíkováa, J. (2012). Filmes de β (1-3),(1-6)-d-glucano de levedura: Preparação e caraterização de algumas propriedades estruturais e físicas. Polímeros de Hidratos de Carbono, 87(4), 2496-2504

Novakovic, B., Habibi, E., Wang, S., Arts, R. J. W., Davar, R., Megchelenbrink, W., Kim, B., Kuznetsova, T., Kox, M., Zwaag, J., Matarese, F., Heeringen, S. J. Van, Janssen- megens, E. M., Sharifi, N., Wang, C., Keramati, F., Schoonenberg, V., Flicek, P., Clarke, L., ... Stunnenberg, H. G. (2018). Grupo de financiadores da Europe PMC β - Glucan reverte o estado epigenético da tolerância imunológica induzida por LPS. 167(5), 1354-1368.

On, a R., Targeting, D., & Carriers, D. (2013). em Ciências Farmacêuticas e Nano. 2(6), 478-484.

Othman, S. H. (2014). Materiais bio-nanocompostos para aplicações em embalagens de alimentos: Tipos de biopolímero e enchimento de tamanho nano. Procedia de Agricultura e Ciências Agrárias, 2, 296303.

Özcan, Ö., & Ertan, F. (2018). Conteúdo de beta-glucano, atividades antioxidantes e antimicrobianas de algumas espécies de cogumelos comestíveis. Ciência e Tecnologia de Alimentos 6(2), 47-55.

Palanisamy, M., Aldars-García, L., Gil-Ramírez, A., Ruiz-Rodríguez, A., Marín, F. R., Reglero, G., & Soler-Rivas, C. (2014). Extração de água pressurizada de frações enriquecidas de β-glucano com capacidade de ligação de ácidos biliares obtidas de cogumelos comestíveis. Biotechnology Progress, 30(2), 391-400.

Pan, Y., & Lin, Z. (2019). Efeito anti-envelhecimento do *Ganoderma* (Lingzhi) com saúde e condicionamento físico. Avanços em Medicina Experimental e Biologia, 1182, 299-309.

Parida, U. K., Bindhani, B. K., & Nayak, P. (2011). Síntese Verde e Caracterização de Nanopartículas de Ouro Usando Extrato de Cebola. Jornal Mundial de Nano Ciência e Engenharia, 01(04), 93-98.

Park, J. S., Lim, Y. M., Baik, J., Jeong, J. O., An, S. J., Jeong, S. I., Gwon, H. J., & Khil, M. S. (2018). Preparação e avaliação de hidrogel de β-glucano preparado pela técnica de radiação para aplicações em portadores de drogas. Jornal Internacional de Macromoléculas Biológicas, 118, 333-339.

Park, Y., Hong, Y. N., Weyers, A., Kim, Y. S., & Linhardt, R. J. (2011). Polissacarídeos e fitoquímicos: Um reservatório natural para a síntese verde de nanopartículas de ouro e prata. IET Nanobiotecnologia, 5(3), 69-78.

Parthasarathy, R., Kumar, S. P., Rao, H. C. Y., & Chelliah, J. (2021). Síntese de nanopartículas de β-glucano a partir de β-glucano derivado de algas vermelhas para potenciais aplicações biomédicas. Bioquímica Aplicada e Biotecnologia, 1-22.

Pascual, A. M. (2019). Síntese e aplicações de compósitos de biopolímeros. Revista Internacional de Ciências Moleculares, 20(9).

Pattanashetti, N. A., Heggannavar, G. B., & Kariduraganavar, M. Y. (2017). Biopolímeros inteligentes e suas aplicações biomédicas. Procedia Manufacturing, 12 (16), 263-279.

Pengkumsri, N., Sivamaruthi, B. S., Sirilun, S., Peerajan, S., Kesika, P., Chaiyasut, K., & Chaiyasut, C. (2017). Extração de β-glucano de Saccharomyces cerevisiae: Comparação de diferentes métodos de extração e in Vivoassessmentof

efeito imunomodulador em ratos. Ciência e Tecnologia Alimentar, 37(1),

124-130.
Pragathiswaran, C., Smitha, C., Barabadi, H., Al-Ansari, M. M., Al-Humaid, L. A., & Saravanan, M. (2020). Nanocompósitos de TiO2 @ ZnO decorados com nanopartículas de ouro: Síntese, caraterização e suas atividades antifúngicas, antibacterianas, antiinflamatórias e anticâncer. Comunicações de Química Inorgânica, 121(8), 108210.
Rahar, S., Swami, G., Nagpal, N., Nagpal, M., & Singh, G. (2011). Preparação, caraterização e propriedades biológicas de β-glucanos. Jornal de Tecnologia Farmacêutica Avançada e Pesquisa, 2(2), 94.
Ramesh, C., & Pattar, M. G. (2010). Propriedades antimicrobianas, atividade antioxidante e compostos bioactivos de seis cogumelos comestíveis selvagens dos ghats ocidentais de Karnataka, Índia. Pharmacognosy Research, 2(2), 107-112.
Ranganathan, N., Joseph Bensingh, R., Abdul Kader, M., & Nayak, S. K. (2019). Síntese e propriedades de hidrogéis preparados por vários sistemas de reação de polimerização BT - hidrogéis superabsorventes à base de celulose (MIH Mondal (ed.); pp. 487-511).
Raposo, C. D., Conceição, C. A., & Barros, M. T. (2020). Nanopartículas baseadas em novos polímeros funcionalizados com hidratos de carbono. Molecules, 25(7).
Raymundi, V. C., Aguiar, L. G., Souza, E. F., Sato, A. C., & Giudici, R. (2018). Liberação controlada de insulina através de hidrogéis de (ácido acrílico)/trimetilolpropano triacrilato. Transferência de Calor e Massa/Waerme- Und Stoffuebertragung, 52(10), 2193-2201.
Razzaq, H. A. A., Gomez d'Ayala, G., Santagata, G., Bosco, F., Mollea, C., Larsen, N., & Duraccio, D. (2021). Filmes bioativos baseados em β-glucanos de cevada e ZnO para aplicações de cicatrização de feridas. Polímeros de carboidratos, 272 (6), 118442.
Rebelo, R., Fernandes, M., & Fangueiro, R. (2017). Biopolímeros em Implantes Médicos: Uma Breve Revisão. Procedia Engineering, 200, 236-243.
Rhim, J.-W., & Kanmani, P. (2015). Síntese e caraterização de nanopartículas de ouro mediadas por ágar biopolímero. Materials Letters, 141, 114-117.
Ribeiro, S., Marcondes, D., Pereira, B., Morais, C. P. De, Marangoni, B. S., Mecwan, M., Mandal, K., & Brizuela, N. (2022). Nanopartículas de ouro carregadas com metronidazol em látex de borracha natural como um potencial curativo para feridas. Jornal Internacional de Macromoléculas Biológicas.

Rutherford, G., Xiao, B., Carvajal, C., Farrell, M., Santiago, K., Cashwell, I., & Pradhan, A. (2015). Crescimento fotoquímico de filmes de nanopartículas de ouro altamente densamente empacotados para diagnóstico biomédico questão de foco em sistemas micronano em cuidados de saúde e monitoramento ambiental Crescimento fotoquímico de nanopartículas de ouro altamente densamente empacotadas. Jornal de Ciência e Tecnologia do Estado Sólido, 4 (10) 3071-3076

Ruthes, A. C., Moro Cantu-Jungles, T., Cordeiro, L. M. C., & Iacomini, M. (2021). Potencial prebiótico de D-glucanos de cogumelos: implicações de propriedades físico-químicas e caraterísticas estruturais. Carbohydrate Polymers, 262, 117940.

Ruthes, A. C., Smiderle, F. R., & Iacomini, M. (2015). D-Glucanos de cogumelos comestíveis: Uma revisão sobre as abordagens de extração, purificação e caraterização química. Carbohydrate Polymers, 117, 753-761.

Salem, S. S., Fouda, M. M. G., Fouda, A., Awad, M. A., Al-Olayan, E. M., Allam, A. A., & Shaheen, T. I. (2021). Atividade antibacteriana, citotoxicidade e larvicida de nanopartículas de selênio sintetizadas verdes usando *Penicillium corylophilum*. Jornal de Ciência de Cluster, 32(2), 351-361.

Salgado, M., Rodríguez-Rojo, S., Reis, R. L., Cocero, M. J., & Duarte, A. R. C. (2017). Preparação de andaimes de ß-glucano de cevada e levedura por espuma de hidrogel: Avaliação da libertação de dexametasona. Journal of Supercritical Fluids, 127, 158-165.

Salgado, M., Santos, F., Rodríguez-Rojo, S., Reis, R. L., Duarte, A. R. C., & Cocero, M. J. (2017). Desenvolvimento de aerogéis de ß-glucano de cevada e levedura para liberação de drogas por fluidos supercríticos. Journal of CO2 Utilization, 22(11), 262-269.

Sari, M., Prange, A., Lelley, J. I., & Hambitzer, R. (2017). Triagem do conteúdo de beta-glucano em cogumelos cultivados comercialmente e selvagens. Food Chemistry, 216, 45-51.

Sarkar, S., Bhowal, A. C., Kandimalla, R., & Kundu, S. (2021). Comportamentos estruturais e elétricos de filmes finos na presença de nanopartículas de ouro e prata carregadas negativamente: Uma abordagem de síntese verde. Metais sintéticos, 279(4), 116848.

Sathiyanarayanan, A., & Muthukrishnan, S. (2014). A aplicação de nano-glucano ao rizoma de cúrcuma induz uma resposta de defesa contra *Pythium aphanidermatum*. Arquivos de Fitopatologia e Proteção de Plantas, 47.

Sen, I. K., Maity, K., & Islam, S. S. (2013). Síntese verde de nanopartículas de ouro usando um glucano de um cogumelo comestível e estudo da atividade catalítica. Carbohydrate Polymers, 91(2), 518-528.

Shah, K. W., & Zheng, L. (2019). Síntese assistida por micro-ondas de nanopartículas de ouro hexagonais reduzidas por organosilano (3-mercaptopropil) trimetoxissilano. Materiais, 12(10).

Shaheen, T. I., & Emam, H. E. (2018). Síntese sonoquímica de nanocristais de celulose a partir de serragem de madeira usando hidrólise ácida. Revista Internacional de Macromoléculas Biológicas, 107, 15991606.

Shervani, Z., & Yamamoto, Y. (2011). Síntese de nanopartículas de prata e ouro dirigida por hidratos de carbono: Efeito da estrutura dos hidratos de carbono e dos agentes redutores sobre o tamanho e a morfologia dos compósitos. Carbohydrate Research, 346(5), 651-658.

Shiriling, E.M. & Gottlieb, D. (1966). Métodos para a caraterização de Streptomyces sp. Int. J. Syst.

Shokri, H., Asadi, F., & Khosravi, A. R. (2008). Isolamento de b-glucano da parede celular de Saccharomyces cerevisiae. Natural Product Research, 22(5), 414-421.

Siddiqui, S., Ahmad, R., Khan, M. A., Upadhyay, S., Husain, I., & Srivastava, A. N. (2019). Potencial citostático e antitumoral da polpa de data Ajwa contra células HepG2 de carcinoma hepatocelular humano. Relatórios Científicos, 9(1), 1-13.

Silva, A. L., Salgueiro, A. M., Fateixa, S., Moreira, J., Estrada, A. C., Gil, A. M., & Trindade, T. (2012). Propriedades de inchaço e libertação de nanocompósitos funcionais de hidrogel de κ-carragenina. Proceedings do Simpósio da Sociedade de Investigação de Materiais, 1403(janeiro), 213-219. https://doi.org/10.1557/opl.2012.421

Silva, M., S., Simas, F. F., Smiderle, F. R., Inara de Jesus, L., Rosado, F. R., Longoria, E. L., & Iacomini, M. (2022). β- Glucanos do cogumelo gigante Macrocybe titans: Caracterização química e propriedades reológicas. Hidrocolóides alimentares, 125

Singh, P., Verma, C., Mukhopadhyay, S., Gupta, A., & Gupta, B. (2022). Preparação de membranas de hidrogel de κ-carragenina-polietilenoglicol carregadas com óleo de tomilho como sistema de tratamento de feridas. Jornal Internacional de Farmacêutica, 618(2).

Skehan, P., Storeng, R., Scudiero, D., Monks, A., McMahon, J., Vistica, D., Warren, J. T., Bokesch, H., Kenney, S., & Boyd, M. R. (1990) . Novo ensaio colorimétrico de citotoxicidade para o rastreio de fármacos anticancerígenos. Journal of the National Cancer Institute, 82(13), 1107-1112.

Sletmoen, M., Christensen, B. E., & Stokke, B. T. (2005). Sondagem de arquitecturas macromoleculares de estruturas cíclicas nanométricas de (1^3)-ß-D-glucanos por AFM e SEC-MALLS. Carbohydrate Research, 340(5), 971-979.

Smiderle, F. R., Sassaki, G. L., Van Arkel, J., Iacomini, M., Wichers, H. J., & Van Griensven, L. J. L. D. (2010). O glicano de elevado peso molecular do cogumelo medicinal *agaricus bisporus* é um α-glucano que forma complexos com galactano de baixo peso molecular. Moleciles, 15(8), 5818-5830.

Smith, D. & Onion, A. (1983). The preservation and maintenance of living fungi. Kew, Instituto de Micologia da Commonwealth

Soares, E., Jesus, S., & Borges, O. (2018). Partículas de quitosano:ß-glucano como um novo adjuvante para o antigénio da hepatite B. European Journal of Pharmaceutics and Biopharmaceutics, 131(2), 33-43.

Sobieralski, K., Siwulski, M., Lisiecka, J., Jedryczka, M., Sas-Golak, I., & Fruzyήska-Józwiak, D. (2012). β- Glucanos derivados de fungos como componente de alimentos funcionais. Ata Scientiarum Polonorum, Hortorum Cultus, 11(4), 111-128.

Sofi, S., Singh, J., & Rafiq, S. (2017). β-Glucan e funcionalidade: Uma revisão. Nutrição CE, 10(2), 67-74.

Somkuwar, S. R., Chaudhary, R., Gadge, S., Mahavidyalaya, M., Nagpur, H., & Ramteke, P. W. (2022). Nanopolímero: Visão Geral, Inovação e Aplicações. revista de Ciência dos Polímeros , 3(2)

Soto, E. R., Caras, A. C., Kut, L. C., Castle, M. K., & Ostroff, G. R. (2012). Partículas de glucano para entrega de nanopartículas direcionadas a macrófagos. Journal of Drug Delivery, (1), 1-13.

Su, C., Huang, K., Li, H. H., Lu, Y. G., & Zheng, D. L. (2020a). Propriedades antibacterianas de nanopartículas de ouro funcionalizadas e a sua aplicação na biologia oral. Journal of Nanomaterials, 155-174.

Su, Y., Chen, L., Yang, F., & Cheung, P. C. K. (2020b). Sistema de entrega de medicamentos baseado em Beta-D-glucano e sua aplicação potencial na segmentação de macrófagos associados a tumores. Carbohydrate polymers, 15;278:118852

Suganya, P., Vaseeharan, B., Vijayakumar, S., Balan, B., Govindarajan, M., Alharbi, N. S., Kadaikunnan, S., Khaled, J. M., & Benelli, G. (2017). Nanopartículas de ouro revestidas com zeína de biopolímero: Síntese, potencial antibacteriano, toxicidade e efeitos histopatológicos contra o vetor do vírus Zika *Aedes aegypti*. Journal of Photochemistry and Photobiology B: Biology, 173(1), 404-411.

Sunkari, S., Gangapuram, B. R., Dadigala, R., Bandi, R., Alle, M., &

Guttena, V. (2017). Síntese verde irradiada por micro-ondas de nanopartículas de ouro para atividade catalítica e antibacteriana. Jornal de Ciência e Tecnologia Analítica, 8(1), 1-9.

Sutay Kocabaç, D., Erkoç Akçelik, M., Bahçegiil, E., & Özbek, H. N. (2021). Farelo de Bulgur como fonte de biopolímero: Produção e caraterização de filmes biodegradáveis à base de hemicelulose reforçada com nanocelulose com diminuição da solubilidade em água. Culturas e produtos industriais, 171(3).

Swain, P. S., Rajendran, D., Rao, S. B. N., & Dominic, G. (2015). Preparação e efeitos da alimentação de partículas nano minerais no gado: A review. Mundo Veterinário, 8(7), 888-891.

Synytsya, A., & Novak, M. (2014). Análise estrutural de glucanos. Anais de Medicina Translacional, 2(2), 1-14.

Systat, S. (2001). Inc. SigmaPlot®software, versão 12.0.

Szwengiel, A., & Stachowiak, B. (2016). Desproteinização de ß-glucano solúvel em água durante a extração ácida de corpos de frutificação de cogumelos Pleurotus ostreatus. Carbohydrate Polymers, 146, 310-319.

Tae, H., Lee, S., & Ki, C. S. (2019). Micro géis de poli (etilenoglicol) hibridizados com β-glucano para entrega de proteínas direcionadas a macrófagos. Jornal de Química Industrial e de Engenharia, 75, 69-76.

Takahashi, H., Ohno, N., Adachi, Y., & Yadomae, T. (2001). Associação de distúrbios imunológicos no efeito secundário letal dos AINEs em ratinhos administrados com β-glucano. FEMS Immunology and Medical Microbiology, 31(1), 1-14.

Takata, Y., Yamamoto, K., & Kadokawa, J. I. (2015). Preparação de hidrogéis de glicogênio anfotéricos responsivos ao pH por α-Glucan
Reacções Enzimáticas Sucessivas Catalisadas por Fosforilases. Química e Física Macromolecular, 216(13), 1415-1420.

Treesuppharat, W., Rojanapanthu, P., Siangsanoh, C., Manuspiya, H., & Ummartyotin, S. (2017). Síntese e caraterização de compósitos de celulose bacteriana e hidrogel à base de gelatina para sistemas de liberação de drogas Síntese e caraterização de compósitos de celulose bacteriana e hidrogel à base de gelatina para sistemas de liberação de drogas. Biotechnology Reports, 15(7), 84-91.

Udayakumar, G. P., Muthusamy, S., Selvaganesh, B., Sivarajasekar, N., Rambabu, K., Sivamani, S., Sivakumar, N., Maran, J. P., & Hosseini-Bandegharaei, A. (2021). Biopolímeros e compósitos ecológicos: Preparação e suas aplicações no tratamento de água. Biotechnology Advances, 52(8), 107815.

Udayangani, R. M. C., Dananjaya, S. H. S., Fronte, B., Kim, C. H., Lee, J., & De Zoysa, M. (2017). A alimentação de β-glucano de aveia em escala nano aumenta a resistência do hospedeiro contra *Edwardsiella tarda* e a modulação imunológica protetora em larvas de peixe-zebra. Imunologia de peixes e moluscos, 60, 72-77.
Vasanthan, T., & Temelli, F. (2008). Tecnologias de fracionamento de grãos para concentração de beta-glucano de cereais. Food Research International, 41(9), 876-881.
Vetchinkina, E., Loshchinina, E., Kupryashina, M., Burov, A., & Nikitina, V. (2019). Diversidade de forma e tamanho de nanopartículas de ouro, prata, selênio e sílica preparadas por síntese verde usando fungos e bactérias. Pesquisa em Química Industrial e de Engenharia, 58(37), 17207-17218.
Volman, J. J., Helsper, J. P. F. G., Wei, S., Baars, J. J. P., Griensven, L. J. L. D. Van, Sonnenberg, A. S. M., Mensink, R. P., & Plat, J. (2010). Efeitos dos extractos de polissacáridos ricos em b-glucano derivados de cogumelos na produção de óxido nítrico por macrófagos derivados da medula óssea e na transactivação do fator nuclear kabba em células repórter Caco-2: Mol Nutr Food Res 54(2):268-76
Wang, J., Zhang, J., Liu, K., He, J., Zhang, Y., Chen, S., Ma, G., Cui, Y., Wang, L., & Gao, D. (2020). Síntese de nanoflores de ouro estabilizados com daptomicina anfifílica para efeitos fototérmicos antitumorais e antibacterianos aprimorados. International Journal of Pharmaceutics, 580, 119231.
Wang, P., Wang, X., Wang, L., Hou, X., Liu, W., & Chen, C. (2015). Interação de nanopartículas de ouro com proteínas e células. Ciência e Tecnologia de Materiais Avançados, 16(3), 34610.
Wang, Y., & Burgess, D. (2013). Revestimentos poliméricos "inteligentes" para evitar a resposta de corpos estranhos a biossensores implantáveis. Jornal de Libertação Controlada: Jornal Oficial da Sociedade de Libertação Controlada, 169.
Xu, S., Jiang, M., Lu, Q., Gao, S., Feng, J., Wang, X., He, X., Chen, K., Li, Y., & Ouyang, P. (2020). Propriedades de Filmes de Álcool Polivinílico Compostos com Hemicelulose e Nanocelulose Extraídos da Palha de *Artemisia selengensis*. Fronteiras em Bioengenharia e Biotecnologia, 8(8), 1-11.
Xu, X., Yasuda, M., Tsuruta, S., Mizuno, M., & Ashida, H. (2011). O beta-glucano de Lentinus edodes inibe a produção de NO e TNF-a e a fosforilação de proteínas quinases activadas por mitogénio em macrófagos

murinos RAW264.7 estimulados por LPS. The Journal of Biological Chemistry, 287, 871-878.

Yaashikaa, P. R., Senthil Kumar, P., & Karishma, S. (2022). Revisão sobre biopolímeros e compósitos - Material em evolução como adsorventes na remoção de poluentes ambientais. Investigação Ambiental, 212(8), 113114.

Yadav, P., Yadav, H., Shah, V. G., Shah, G., & Dhaka, G. (2015). Biopolímeros biomédicos, sua origem e evolução nas ciências biomédicas: Uma revisão sistemática. Journal of Clinical and Diagnostic Research, 9(9), 21-25.

Yaqub, S., Murtaza, M., & Lal, B. (2021). Rumo a uma compreensão fundamental dos biopolímeros e seu papel nos hidratos de gás: Uma revisão. Journal of Natural Gas Science and Engineering, 91(9), 103892.

Yesilirmak, N., & Altinors, D. D. (2013). Uma lente de contacto de hidrogel de silicone após 7 anos de uso contínuo. Contact Lens & Anterior Eye: O Jornal da Associação Britânica de Lentes de Contacto, 36(4), 204-206.

Yilmaz, M. T., ispirli, H., Taylan, O., & Dertli, E. (2021). Uma nanobiossíntese verde de nanopartículas de selênio com extrato de estragão: caraterização estrutural, térmica e antimicrobiana. Lwt, 141(1).

Ying, S., Guan, Z., Ofoegbu, P. C., Clubb, P., Rico, C., He, F., & Hong, J. (2022). Síntese verde de nanopartículas: Desenvolvimentos e limitações actuais. Tecnologia Ambiental e Inovação, 26, 102336.

Zakaria, N. S., Siti, R. M., Aziz, A. A., & Razak, K. A. (2013). Imagem de nanopartículas de ouro coloidal usando microscópio de força atômica. Nano Hybrids, 4, 47-60.

Zarzycki, R., Modrzejewska, Z., & Nawrotek, K. (2010). Libertação de fármacos a partir de matrizes de hidrogel. Ecological Chemistry and Engineering S, 17(2), 117-136.

Zavadinack, M., de Lima Bellan, D., da Rocha Bertage, J. L., da Silva Milhorini, S., da Silva Trindade, E., Simas, F. F., Sassaki, G. L., Cordeiro, L. M. C., & Iacomini, M. (2021). Um α-D-galactano e um β-D-glucano do cogumelo *Amanita muscaria*: Caracterização estrutural e atividade antitumoral contra melanoma. Carbohydrate Polymers, 274(9), 118647.

Zhang, H., Li, C., Lai, P. F. H., Chen, J., Xie, F., Xia, Y., & Ai, L. (2021). Fracionamento, caraterização química e atividade imunoestimuladora de β-glucano e galactoglucano de *Russula vinosa* Lindblad. Polímeros de Carboidratos, 256(12), 117559.

Zhang, M. (2018). Otimização do microambiente tumoral para imunoterapia do câncer: nanopartículas à base de β-glucano. 9 (2), 1-14.

Zhao, Y., Tian, Y., Cui, Y., Liu, W., Ma, W., & Jiang, X. (2010). Nanopartículas de ouro revestidas com pequenas moléculas como potentes agentes antibacterianos que visam bactérias Gram-negativas. Journal of the American Chemical Society, 132(35), 1234912356.

Zheng, Z., Huang, Q., & Ling, C. (2019). Frações de β-glucano de levedura solúvel em água com diferentes pesos moleculares: Extração e separação por cromatografia de exclusão de tamanho assistida por acidólise e sua associação com atividade proliferativa. International Journal of Biological Macromolecules, 123, 269-279.

Zhu, F., Du, B., & Xu, B. (2016). Uma revisão crítica sobre a produção e aplicações industriais de beta-glucanos. Food Hydrocolloids, 52, 275-288.

Zhu, F., Du, B., Bian, Z., & Xu, B. (2015). β-Glucanos de cogumelos comestíveis e medicinais: Caraterísticas, atividades físico-químicas e biológicas. Jornal de Composição e Análise de Alimentos, 41, 165-173.

Zielke, C., Stradner, A., & Nilsson, L. (2018). Caracterização de extractos de b-glucano de cereais: Conformação e aspectos estruturais. Hidrocolóides alimentares, (79) ,218-227

Zou, Y., Xie, R., Hu, E., Qian, P., Lu, B., Lan, G., & Lu, F. (2022). Nanopartículas de ouro reduzidas a proteínas misturadas com sulfato de gentamicina e carregadas em esponja de konjac / gelatina curam feridas e matam bactérias resistentes a medicamentos. International Journal of Biological Macromolecules, 148, 921-931.

Resumo

O recente desenvolvimento da nanotecnologia levou à manipulação do tamanho dos biomateriais à nanoescala, o que é conhecido como bionanotecnologia. Este desenvolvimento melhora as propriedades intrínsecas dos biomateriais devido ao aumento da sua área de superfície em relação ao rácio volume, diminuindo o seu tamanho para menos de 100 nm.
Foi recentemente anunciado que o β-glucano com partículas globulares de pequenas dimensões tem uma maior capacidade de resistência a doenças devido à sua forte atividade imunitária e antitumoral induzida. Neste caso, este trabalho foi concebido para extrair o nano-β-glucano (NGs) através de uma nova abordagem direta modificada a partir de cogumelos, utilizando um procedimento ácido-base. Os cogumelos *Lentinula edodes* (Shiitake) e *Pleurotus ostreatus* (ostra) foram utilizados para a produção de NGs-s e NGs-o, respetivamente, e depois caracterizados por diferentes ferramentas analíticas.
Normalmente, o isolamento de nano-beta-1,3/1,6-glucanos é um processo de várias etapas que inclui muitos passos de preparação do beta-glucano, primeiro convertendo-o depois em nano escala através de diferentes métodos e etapas. Mas o nosso trabalho atual estudou um método novo e modificado que pode isolar e extrair nanopartículas de beta-glucano numa única etapa, o que simplifica e aumenta a eficiência do procedimento de isolamento de nano-beta glucanos
Dois cogumelos, nomeadamente *Lentinula edodes* (Shiitake) e *Pleurotus ostreatus* (ostra), foram utilizados para a produção de GNs-s e GNs-o, respetivamente, através de ebulição com NaOH a 5% durante 24 h, seguida de neutralização com HCl e lavados várias vezes antes da secagem. A % de rendimento do NGs-s extraído foi superior à do NGs de cogumelo ostra.
Os GN extraídos foram então caracterizados físico-quimicamente e realizados utilizando LC-MS, H^1 -NMR, FTIR, espetroscopia UV-visível, tamanho de partícula e potencial zeta, SEM e TEM
A sua estrutura química foi investigada em comparação com o β-glucano padrão. Os resultados enfatizaram a estrutura próxima e idêntica de ambos os GNs em relação aos β-glucanos padrão, conforme observado na massa LC, HINMR e FTIR, com alta pureza. Além disso, o padrão de absorção de luz UV-visível foi monitorizado cineticamente no intervalo de 260-300 nm

Além disso, as caraterísticas morfológicas das NGs foram obtidas através de SEM e TEM. A MEV revelou a porosidade da superfície com uma distribuição homogénea, particularmente no caso do NGs-s. A TEM também realçou a formação de NGs de tamanho entre 10-25 nm e 40-50nm para NGs-s e NGs-o, respetivamente, com formas de extremidade de agulha como em NGs-s. No entanto, os NGs-o apresentaram formas irregulares pouco agregadas, o que pode ser atribuído ao seu baixo potencial zeta

Nos resultados actuais, a NGs-s foi explorada para sintetizar AuNPs sem quaisquer agentes redutores, estabilizadores e de cobertura adicionais. As AuNPs foram sintetizadas através da redução de HAuCl4 com solução de NGs-s a 0,05% (p/v) utilizando a técnica de micro-ondas em diferentes tempos de exposição à radiação.

As condições optimizadas foram determinadas por espetroscopia de absorção UV-Vis a λ max =530 nm a 60 segundos e 0,4 mM de HAuCl4. A otimização da preparação das AuNPs foi seguida de diferentes caracterizações para indicar a estrutura morfológica, química e cristalina das AuNPs:

1. O tamanho de partícula indicado para as AuNPs foi o intervalo principal de 25,2 nm. As AuNPs tinham um valor potencial zeta prometedor de -31,8 mV formado a partir da solução de NGs, o valor potencial zeta com elevada carga negativa indicava boa qualidade e estabilidade
2. A análise FTIR mostrou os picos de AuNPs e o processo de redução de NGs que confirmou a pureza da preparação de AuNPs.
3. O padrão XRD das AuNPs exibiu quatro picos caraterísticos nos planos de ouro (111), (200), (220) e (311), respetivamente. Estes resultados confirmaram que o biopolímero natural NGs-s tinha potencial para ser utilizado como agente redutor e estabilizador de AuNPs
4. O TEM revelou que as AuNPs formadas eram esféricas, uniformes em tamanho e forma com uma gama de tamanhos de 10-20 nm.
5. AFM das AuNPs preparadas, em virtude dos NGs foram formadas de forma bem dispersa, homogénea e esférica com altura de 108 nm.

As AuNPs sintetizadas foram testadas para mostrar efeitos bactericidas e fungicidas contra certos microorganismos. As experiências confirmaram que as AuNPs tinham bons efeitos antibacterianos em bactérias Gram-negativas, Gram-positivas e em certos isolados de fungos. Em comparação com as NGs e os antibióticos comerciais.

As AuNPs apresentaram a maior atividade antibacteriana com um diâmetro de inibição de 36 mm para *B. subtilis*, seguido de *S. enterica* com 35 mm. Depois, *B. cereus*, *E. coli*, *St. aureus* e *P. aeruginosa* apresentaram uma zona de inibição com um diâmetro igual a 28,25,22,18 mm, respetivamente. Além disso, mostrou um efeito inibitório elevado no crescimento da maioria dos fungos testados. *C. glabrata* foi considerado o fungo mais suscetível às AuNPs, tendo o diâmetro da zona de inibição sido de 21 mm, seguido de *C. albicans* e *P. expansum*, que apresentaram uma zona de inibição do crescimento fúngico de 20 e 14 mm, respetivamente.

O cancro é uma das causas mais comuns de morte em todo o mundo. A atividade antitumoral das NGs-s, NGs-o e AuNPs foi testada utilizando o ensaio MTT contra duas linhas celulares de carcinoma (cólon HCT116 e mama MCF7), que foi comparada com a citotoxicidade em células normais.

As NGs e AuNPs mostraram uma toxicidade significativa contra as células HCT-116, o IC50 foi de 200, 125 e 85,3 µg/ml para NGs-o, NGs-s e AuNPs, respetivamente. Considerando que, no caso da atividade anti-cancro da mama (MCF7) com IC50 a170, 156,6 e 15 µg/ml para NGs-o, NGs-s e AuNPs, respetivamente.

Os ensaios de citotoxicidade *in vitro* confirmaram a potencial utilização de AuNPs como materiais antitumorais contra células de carcinoma da mama e do cólon em doses baixas em comparação com células Vero normais humanas

Estes resultados confirmam que, apesar da dose elevada e segura de NGs para células Vero normais humanas até 500 µg/L, mostrou uma elevada anticarcinogenicidade para as células MCF7 da mama e HCT-116 do cólon em doses baixas e moderadas, como observado a partir de NGs-s (113 - 125 µg/L) e NGs- o (126 - 196 µg/L). Além disso, a NGs-s exibiu maior atividade antitumoral do que a observada na NGs-o. O tratamento com AuNPs e NGs não induziu um efeito citotóxico, causando danos significativos ou a morte das células normais tratadas. As NGs-s apresentaram um elevado potencial de atividade antitumoral em comparação com as NGs-o.

As NGs-s extraídas do cogumelo shiitake foram utilizadas na preparação de hidrogéis com o biopolímero carragenina, através da gelificação das NGs por radiação gama 10 kg/y (para proporcionar uma força de gel suficiente) e adicionadas à solução de carragenina na presença de CaCl2 como reticulante.

Os hidrogéis naturais de NGs/Cr foram fabricados com sucesso utilizando uma abordagem de reticulação física, sem utilizar qualquer solvente tóxico durante o método de preparação para explorar o hidrogel resultante em diferentes aplicações médicas. .

Foram utilizadas diferentes concentrações de NGs e CaCl2 (reticulador) como factores que afectam a preparação e otimização dos hidrogéis de NGs/Cr.

As condições optimizadas foram detectadas pela % de ESR em dist.H2O e foram resumidas pelo aumento da concentração de NGs até 2 g com o rácio 1:2 para carragenina e NGs respetivamente, o hidrogel atingiu a ESR mais elevada de 40% após 24h à temperatura ambiente em comparação com os 18 % de carragenina. Além disso, com base na concentração do reticulador, a ESR dos hidrogéis de NGs/Cr segue a ordem: 1.5 % > 2.0% > 1% > 0.5%.

As experiências SEM e BET também indicaram a otimização por concentração de reticulante. Na concentração de 1,5% de $CaCl_2$, o hidrogel de NGs/Cr mostrou uma estrutura de rede homogénea e bem proporcionada com poros irregulares altamente conectados por SEM com o tamanho variando de 100 - 190 μ. Enquanto a análise BET observou que a área de superfície específica e o volume total de poros do hidrogel de NGs/Cr com 1,5% de $CaCl_2$ foram encontrados 5,674 m^2 /g e 4,984 cc/g, respetivamente.

O hidrogel de NGs/Cr resultante foi caracterizado por espetroscopia FTIR que mostrou os picos de NGs com a sua estrutura de esqueleto e o espetro FTIR de κ-carragenina mostra as bandas caraterísticas a 1214 cm^{-1} ,1157 cm^{-1} e 928, correspondendo ao sulfato de carragenina C-O- SO_3, ponte C-o, e grupos de ésteres de sulfato O=S=O ligados ao anel de 3,6-glucano.

O hidrogel de NGs/Cr optimizado preparado foi testado quanto à sua reatividade a diferentes pH, tendo o rácio de dilatação aumentado com a utilização de um meio alcalino em vez de ácido. O rácio ESR seguiu a ordem relativa ao pH 11>9>7>5>2, em que a percentagem ESR atingiu 55, 45, 41, 25 e 18%, respetivamente.

Além disso, o hidrogel responsivo ao pH preparado foi utilizado *em* aplicações medicinais *in vitro* e *in vivo*. Avaliámos as AuNPs como um modelo de libertação de fármacos *in vitro* a partir do hidrogel responsivo NGs/Cr. Também utilizámos este hidrogel *in vivo* como penso na cicatrização de feridas cutâneas de ratos.

As AuNPs como modelo de libertação do fármaco do hidrogel de NGs/Cr sensível ao pH, utilizando um espetrofotómetro UV-Vis para traçar a curva padrão a 530 nm. O hidrogel de NGs/Cr foi mergulhado numa solução aquosa de AuNPs durante 24 h. A libertação do fármaco foi determinada colocando-o em dois pH diferentes (2 e 10); o fármaco foi libertado do hidrogel de NGs/Cr, atingindo 80% em cerca de 90 min em pH ácido 2 mais rapidamente do que no meio básico.

As AuNPs foram carregadas no hidrogel NGs/Cr e mostraram uma rede tridimensional bem organizada e uma forte estrutura de ligação cruzada nos poros do hidrogel NGs/Cr quando examinadas no SEM.

Por outro lado, foram utilizadas experiências em animais para avaliar a eficiência da utilização do hidrogel de NGs/Cr e das AuNPs carregadas no penso de NGs/Cr na promoção da cicatrização de feridas, em comparação com o controlo negativo e positivo. O diâmetro da área inicial da ferida foi contraído de 1,5 cm para 0,2, 0,5, 0,6, 0,9 cm para o hidrogel carregado com AuNPs, NG/Cr, iodo e curativo de controle negativo, respetivamente.

Após 10 dias, a percentagem de redução do tamanho da ferida foi de 86, 67, 65,4%, para os grupos tratados com os pensos carregados com AuNPs, NGs/Cr e solução de iodo, respetivamente, em comparação com 35,5% para o grupo de controlo (penso sem tratamento).

A pele neste caso de controlo negativo do penso apresentava uma área de ferida aberta com tecido de granulação escasso composto por fibroblastos em excesso e poucas fibras de colagénio espessas, e coberta por epiderme ulcerada e necrótica. No caso do controlo positivo (penso com iodo), a pele apresentava uma área de pele saudável e uma área de ferida ulcerada e crosta necrótica, com cicatriz subjacente composta por fibroblastos mais na derme profunda e excesso de fibras de colagénio espessas, pequenas áreas de hemorragia e músculos marcadamente edematosos.

Além disso, as secções de pele que cicatrizaram com o penso NGs/Cr, a pele apresentava uma área de pele saudável e uma área de tecido cicatricial composta por excesso de fibroblastos e fibras de colagénio espessas, infiltrado inflamatório disperso e pequenas áreas de hemorragia, e coberta por epiderme intacta epitelizada e queratinizada.

Por outro lado, a pele mostrou uma área de pele saudável e uma área de ferida completamente cicatrizada com cicatriz composta por excesso de colagénio e poucos fibroblastos, coberta por epiderme intacta epitelizada e queratinizada quando tratada com AuNPs carregadas em penso de hidrogel NGs/Cr.

O hidrogel contendo AuNPs promoveu a melhor atividade de cicatrização de feridas, estimulando a reepitelização, a proliferação celular e a biossíntese de colagénio, com uma cicatrização completa em 10 dias.

Este trabalho promove a utilização de polissacáridos naturais para a biossíntese de nanomateriais, alargando as suas potenciais aplicações nos campos dos nanomateriais. Finalmente, os resultados do estudo demonstraram o hidrogel de NGs/AuNPs como um biomaterial para utilização no sector dos pensos para feridas, cujo mercado é crescente e promissor.

Printed by Books on Demand GmbH, Norderstedt / Germany